EMISSIONS TRADING DESIGN:

A Critical Overview

STEFAN E. WEISHAAR

排放权交易设计：

批判性概览

［荷］斯特凡·魏斯哈尔　著

张小平　译

法律出版社

LAW PRESS·CHINA

Emissions Trading Design: A Critical Overview

By Stefan E. Weishaar

Copyright © Stefan E. Weishaar,2014

Translated and printed by Law Press China in 2019.All rights reserved.

著作权合同登记号

图字：01-2017-1660

目　录

缩略语表

AAU	assigned amount unit	分配数量单位
ACCC	Australian Competition and Consumer Commission	澳大利亚竞争与消费者委员会
ACCU	Australian carbon credit unit	澳大利亚碳信用单位
ACU	Australian carbon unit	澳大利亚碳单位
CARB	California Air Resources Board	加利福尼亚州空气资源局
CCS	carbon capture and storage	碳捕集与封存
CDM	clean development mechanism	清洁发展机制
CER	certified emission reduction	核证减排量
CFI	Carbon Farming Initiative	农地保碳倡议
CH_4	methane	甲烷
CITL	Community Independent Transaction Log	欧盟独立交易登记系统
CO_2	carbon dioxide	二氧化碳
CPM	Carbon Pricing Mechanism (Australia)	碳定价机制（澳大利亚）
EITE	energy-intensive trade-exposed	能源密集型和贸易竞争型
EPA	Environmental Protection Agency (US)	环保署（美国）
ERC	Emission Reduction Credit	减排信用

续表

ERU	emission reduction unit	减排单位
ETS	emission trading system, emission trading scheme	排放权交易体系
EU	European Union	欧盟
EU ETS	European Union Emission Trading Scheme	欧盟排放权交易体系
EUA	European Union allowance	欧盟排放配额
EUTL	European Union Transaction Log	欧盟交易日志
GATS	General Agreement on Trade in Services	服务贸易总协定
GATT	General Agreement on Tariff and Trade	关税与贸易总协定
GDP	gross domestic product	国内生产总值
GHG	greenhouse gas	温室气体
GUO	Global Ultimate Owner	全球最终控制人
HFCs	hydrofluorocarbons	氢氟碳化物
ICAO	International Civil Aviation Organization	国际民航组织
IEU	international emission unit（Australia）	国际排放单位（澳大利亚）
IPCC	Intergovernmental Panel on Climate Change	政府间气候变化委员会
ITL	International Transaction Log	国际交易日志
JI	joint implementation	联合履约
LULUCF	land use, land-use change and forestry	土地利用、土地利用变化及林业
MAD	Market Abuse Directive	市场滥用行为指令
MAR	Market Abuse Regulation	市场滥用行为条例
MGGRA	Midwestern Greenhouse Gas Reduction Accord	中西部温室气体减排协议
MiFID	Market in Financial Instruments Directive	金融工具市场指令
MoU	Memorandum of Understanding	谅解备忘录
MRV	monitoring, reporting and verification	测量、报告与核证
MTIC	missing trader intra-community	失踪贸易商
MW	megawatts	兆瓦特，百万瓦特
N_2O	nitrous oxide	氧化亚氮

NAP	National Allocation Plan	国家分配方案
NF$_3$	nitrogen trifluoride	三氟化氮
NGO	non-governmental organization	非政府组织
NE ETS	New Zealand Emission Trading Scheme	新西兰排放权交易体系
NZU	New Zealand unit	新西兰单位
OECD	Organization for Economic Co-operation and Development	经济合作与发展组织
PFCs	perfluorocarbons	全氟化碳
PSR	performance standard rate	绩效标准率
RGGI	Regional Greenhouse Gas Initiative	区域温室气体倡议
RMB	renminbi	人民币
RMU	removal unit	清除单位
SCM	Subsidiesand Countervailing Measures	补贴与反补贴措施
SF$_6$	sulphur hexafluoride	六氟化硫
SMEs	small and medium-sized enterprises	中小企业
SO$_2$	sulphur dioxide	二氧化硫
SOE	state owned enterprise	国有企业
TEU	Treaty on European Union	欧盟条约
TEFU	Treaty on the Functioning of the European Union	欧盟运作条约
TMG	Tokyo Metropolitan Goernment	东京都政府
UN	United Nations	联合国
UNFCCC	United Nations Framework Convention on Climate Change	联合国气候变化框架公约
US	United States	美国
VAT	value added tax	增值税
WCI	Western Climate Initiative	西部气候倡议
WTO	World Trade Organization	世界贸易组织

案例索引

（案例后数字系英文原版页码，检索时请查本书边码）

1

第一章　导　论

一、排放权交易的意义

不久以前,人们还几乎不会想到,温室气体会是交易的对象,并且这种交易过程会有助于温室气体减排。尽管对于排放权交易有激烈的批评意见,但是在应对气候变化的过程中,排放权交易体系不仅得到全面使用,而且在世界范围内广为传播。排放权交易体系首先出现在美国,其后被《联合国气候变化框架公约》(UNFCCC,以下简称《公约》)所采纳。后来,若干欧洲国家建立了排放权交易体系,欧盟也采纳了排放权交易。近年来,排放权交易又被引入大洋洲和亚洲。

排放权交易是从经济和法律理论的虚拟世界中创制出来的。从无到有,这是一个巨大的成功。当然,排放权交易体系也能用于其他气体的减排——如二氧化硫(SO_2,导致酸雨)和氮氧化物(NO_x,导致烟雾和酸雨)——但本书集中于温室气体减排,这是排放权交易目前最重要的应用领域。导致气候变化的温室气体包括二氧化碳(CO_2)、甲烷(CH_4)、氧化亚氮(N_2O)、六氟化硫(SF_6)和其他两组气体:氢氟碳化物(HFCs)与全氟碳化物(PFCs)。

决策者有数种工具可用于实现环境目标,排放权交易是其中之一。排放权交易是一种"基于市场"的工具，允许污染者(排放温室气体的设施，通常被称作排放者)自行决定由谁来实施温室气体减排行为。在排放权交易体系下，先前没有成本的排放现在有了价格。减排成本最低的排放者会将其减排成果以排放配额的方式出售给减排成本较高的排放者。由于是让减排成本最低的排放者承担减排工作，因此这是一种有成本效率的减排手段。比之传统的"控制和命令"监管，排放权交易更注重企业家决策的作用，又能避免税收的负面效应，故其发展甚快。

二、排放权交易的历史

排放权交易最初是由北美科学家 J. H. 戴尔斯于 1968 年在《污染、产权与价格：决策与经济学论文集》一书中提出来的。1975 年，美国环保署(EPA)开始试验用排放权交易的形式控制空气污染。从那时起，排放权交易在美国多个项目中得到运用，如根据 1989 年《蒙特利尔议定书》进行的削减消耗臭氧层物质的项目。[①] 但是，排放权交易在早期最为著名的成功范例，是美国从 1995 年开始的电力生产企业二氧化硫(SO_2)排放权交易项目。

自此而始，关于排放权交易的讨论一路直达联合国。1997 年，工业化国家签署《京都议定书》，承诺在 2008～2012 年，六种温室气体排放平均每年降低 5%，将温室气体排放控制到低于 1990 年的水平。[②] 这些减少温室气体排放的承诺是具有法律约束力的。

接受有约束力的减排目标的国家被称为"附件一国家"。在满足两个条件后，《京都议定书》于 2005 年 2 月 16 日生效。这两个条件为：不少于 55 个《公约》缔约方；批准《京都议定书》的附件一所列缔约方的二氧化碳排放总量达到附件一所列缔约方在 1990 年二氧化碳排放总量的 55%。这两个条件中的第一个，"55 个国家"在 2002 年 5 月冰岛批准后首先达到。在 2004 年 12 月 18 日俄罗斯批准议定书后，使"55%"条款也被满足。90 天后，议定书生效。

《京都议定书》也引入了两种基于项目的机制：CDM(清洁发展机制)

---

① 《关于消耗臭氧层物质的蒙特利尔议定书》，1987 年 9 月 16 日签订于加拿大蒙特利尔，1989 年 1 月 1 日生效，参见 http://ozone. unep. org/new_site/en/montreal_protocol. php。

② 《京都议定书》第 17 条。

和联合履约机制。CDM[③]允许《公约》附件一中列出的缔约方资助那些非附件一国家的减排项目。附件一缔约方可因此获得核证减排量(CERs)。CDM 项目帮助非附件一国家追求可持续发展目标,并为《公约》的最终目标作出贡献;同时,帮助附件一国家完成其减排目标。与此形成对照的是,联合履约机制(JI)允许《京都议定书》附件一缔约方共同投资在其他附件一国家产生净减排的项目,并由此获得减排单位(EURs)。缔约方可以从 JI 项目中获得 EURs。[④]《马拉喀什协议》提出了"补充性要求",意在防止滥用这些灵活机制。[⑤] 补充性被定义为这些机制的利用"应该补充国内行动,因此国内行动应该成为每一附件一所列缔约方为履行第 3 条第 1 款规定的限制和减少排放的量化承诺所作努力的一个重要内容"。[⑥]

　　尽管美国退出了《京都议定书》(彼时美国是最大的温室气体排放国),但在欧盟,排放权交易仍然是一个非常有吸引力的政策工具。在丹麦[⑦]和英国[⑧]采纳了排放权交易之后,欧盟于 2003 年决定推行类似的制度。由于在气候变化领域,欧盟法取代了成员国法,因此欧盟在这个法律领域处于支配地位,各国的排放权交易体系必须符合新的要求。EU ETS(欧盟排放权交易体系)在很大程度上从美国二氧化硫交易体系得到启发。EU ETS 从 2005 年开始运作,是一个旨在从四类内容广泛的产业部门中减排的多国体系。这些部门包括:

- 能源(电力、炼油和相关产业);
- 黑色金属(钢铁)的生产和处理;
- 无机非金属材料(水泥、玻璃、陶瓷);
- 纸浆和纸张。[⑨]

　　EU ETS 如今覆盖 31 个国家(全部 28 个欧盟成员国和三个欧洲经济区国家:冰岛、列支敦士登和挪威),还包括航空部门。EU ETS 设定的排放总量约相当于欧盟温室气体排放的 40%。

---

③　《京都议定书》第 12 条。

④　关于从经济角度对 CDM 和 JI 项目的评价,参见 Brander(2013)。EU ETS 和灵活机制之间的连接受 2004/101/EC 指令的规制。参见 De Cendra de Larragán(2006)。

⑤　《马拉喀什协议》(2001)。协议中规定了达到《京都议定书》目标的规则。

⑥　参见《马拉喀什协议》(2001),第 51 页。

⑦　参见 Lauge Pedersen(2000)和 Zwingmann(2007),第 113 页以下。

⑧　参见 Zwingmann(2007),第 117 页以下。

⑨　2003/87/EC 指令,附件 I。

EU ETS 通过多个交易期推行:第一阶段从 2005 年到 2007 年,第二阶段从 2008 年到 2012 年,第三阶段从 2013 年到 2020 年。第一个交易期被称作"边干边学"阶段。交易体系深受配额过度分配之苦。当这一情况尽人皆知时,排放配额的价格崩盘,从第一阶段交易期开始的 2005 年的 28 欧元最终跌落至 2007 年的 0.10 欧元。出现过度分配一方面是因为数据的问题,另一方面是因为对公司增长的预期过于乐观。各成员国认为对国内排放者来说,更为宽松的配额分配会帮助它们保持在国际市场上的竞争力,并成功地为此进行游说。这解释了过度分配问题。

此外,还产生了政治上无法接受的"意外之财"(windfall profit)。这些意外之财产生于电力部门具有把增加的成本转嫁给消费者的能力。[⑩] 在第一阶段之后,学习过程仍然在继续。尽管欧盟委员会调整了成员国的国家分配方案,但由于缺乏足够的系统防范措施,第二交易期(2008~2012 年)又出现了过度分配问题。[⑪] 在第三交易期(2013~2020 年),过度分配仍然将成为问题,并且在很大程度上归因于 2009 年的经济下滑。在较小程度上,可以归因于京都抵消的使用,以及出售 2012 年上市的新进入者储备。此种情形导致在第二阶段,欧盟配额的价格下滑,并且保持低迷水平,不足以刺激在温室气体减排和创新方面的投资。目前欧盟配额(EUA)的价格是 3.50 欧元。[⑫] 技术创新是 EU ETS 指令列出的(子)政策目标之一。[⑬] 但是,应当说明的是,这些问题没有削弱排放权交易体系在达到以低成本减排这一目标方面的效能。

由于排放权交易体系对于全社会有节约成本潜力,排放权交易体系对世界各地的决策者都有吸引力。其他一些排放权交易体系出现在欧洲(如瑞士)和北美[区域温室气体倡议(RGGI)和西部气候倡议(WCI)]。在新西兰和澳大利亚有排放权交易体系,在日本[如东京都政府(TMG)建立的排放权交易体系]和哈萨克斯坦也有排放权交易体系。目前,中国建立了六个排放权交易的试点,韩国也在建立排放权交易体系。据报道,印度、泰

⑩ 电力部门面对的是"缺乏弹性的需求"。这意味着当价格增加时,消费者只在很小程度上改变其消费行为。因此,即使电力公司免费获得配额,电力公司仍然可以将大部分的生产成本增加转嫁给消费者。消费者和政治家都认为这是"不公平的"。参见 E. Woerdman, O. Couwenberg 和 A. Nentjes(2009)。

⑪ 参见 Peeters 和 Weishaar(2009),第 94 页和第 95 页。

⑫ 2013 年 5 月 28 日莱比锡欧洲能源交易所 EUAs 现货市场价,参见 http://www.eex.com。

⑬ 2009/29/EC,鉴于条款第 8 条。

国、越南和墨西哥也在考虑引入排放权交易体系。

鉴于排放权交易体系目前的发展和传播，尽管尚不完全确定，但很有可能的是，更多国家会效仿，采纳排放权交易体系，并将其作为一种具有成本效率（cost-effective）的环境政策工具。同样不完全确定但很有可能的是，各国会为了创建更密集、更具有减排效率的市场而将其排放权交易体系连接起来，尽管这必须要克服政治、法律和经济上的障碍。鉴于排放权交易在全球范围内的持续传播，排放权交易体系以及设计排放权交易体系的各种可能选择，变得越来越重要。

三、排放权交易设计诸方面

排放权交易是应对气候变化的诸种政策工具中的一种，并且有可能是最为重要和最有效率的一种。如同任何工具一样，排放权交易可以被用来达到某一目标：锤子可用于锤击，温室气体排放权交易可用于减少温室气体排放。

想要应对气候变化问题的决策者会检视政策工具箱，决定哪种工具最适合实现目标。本书会进一步讨论诸种政策工具选项（命令与控制型工具、责任规则、税收和排放权交易）及其优缺点。与工具一样重要的是工具的具体设计属性。这些设计属性主要取决于想用工具达到什么目标以及在什么环境下使用工具。

考虑引入排放权交易体系的决策者因此应当首先考虑排放权交易体系运作的具体环境，决定要用这一政策工具实现什么目标。决策者想实现许多目标，但无法同时实现所有目标——也无法用排放权交易设计实现所有目标。来自 EU ETS 的例子可以说明问题。EU ETS 最初的设计目的是以尽可能低的成本实现温室气体减排，后来又要求 EU ETS 刺激技术创新。但是，EU ETS 并不是设计用来在经济下滑时期实现高的排放配额价格的。在这个方面的无能使排放权交易体系无论在一般意义上还是具体到 EU ETS 都受到严厉批评。然而显而易见的是，EU ETS 不过是达到了它被设计要达到的目标，而没有达到其未被设计要达到的目标。因此对于排放权交易设计者来说，较为妥当的是，在开始设计之前，对想达到的目标要有一份清晰的列表。

四、本书的目的

显然,排放权交易设计非常重要。本书的目的,是为这些设计问题提供一个批判性的概览。因此核心的问题是：(1)怎样设计排放权交易体系；(2)执行中有哪些潜在问题；(3)怎样处理这些问题?

我们将讨论以下一些具体问题：

- 一般而言,排放权交易体系主要优点和不足是什么?
- 在设计排放权交易中,需要考虑什么?
- 排放权交易中会有哪些主要的执行问题?
- 怎样以有效能、有效率和可接受的方式来处理这些执行问题?

为讨论这些问题,本书的结构按与排放权交易的设计者有关的四个简单问题展开：为什么要引入排放权交易体系? 怎样设计排放权交易体系? 设计排放权交易体系时要注意哪些执行问题? 和谁进行排放权交易体系连接?

在讨论完决策者为实现政策目标所需进行的设计选择后,我们集中于排放权交易的主要执行问题。这些问题包括排放权初始分配的问题,排放权的二级市场问题,排放权交易规则的遵守问题,和因排放权交易体系所产生的诉讼问题。我们将以 EU ETS 为例来部分说明这些问题。这不仅是因为 EU ETS 是现存最好的体系,更是因为 EU ETS 提供了体系设计者想要避免的问题的有用范例。我们还讨论了排放权交易体系连接这一具有时效性的问题。在澳大利亚和 EU ETS 之间建立单向连接的谈判和在 EU ETS 与瑞士排放权交易体系之间建立双向连接的谈判正在顺利进行中。考察这些正在建立中的连接、从中吸取设计方面的教训,是一件颇为有益的事情。

经济学家喜欢强调"魔鬼在细节中"——诚然如是。对于排放权交易体系的绩效而言,细节非常重要。我们会强调和分析这样一些细节,特别是与 EU ETS 有关的细节,因为欧盟是我们的本垒,也是我们首要的专业领域。但是,在像本书这样的著作中,不可能考察多个国家中各种排放权交易体系的所有相关法律法规的每个细节。这会使我们在最重要的问题上失去焦点,而这些问题恰恰是本书要专门讨论的。

在世界很多国家,都建立了排放权交易体系。但是所有的决策者都面临类似的设计挑战。本书的独特之处,是概括描述这些挑战。有许多这方面的科学文献讨论排放权交易中非常具体的问题,但是一本最新且易读的、能说明怎样设计排放权交易体系、其中又会遇到怎样的挑战的著作,尚付阙如。此外,目前的文献通常集中于排放权交易的环境、法律与经济层面,很少关注从初始分配到履约和诉讼这样的实际政策问题。本书以排放权交易体系设计者的多项政策目标为中心进行研究,定位于决策者、经理人、咨询师、从业人员和研究生,以及其他需要用全面且省时的方式了解排放权交易的读者。

在导论章之后,第二章通过比较排放权交易体系和其他能用于实现温室气体减排目标的政策工具的方式,讨论排放权交易的优缺点。我们通过这种方式聚焦"为什么要引入排放权交易体系"的原因,以及在何种情况下排放权交易可以被视为一种有效的政策选择。我们尤其关注效率、环境效能、可接受性的问题,并且为排放权交易设计者提出了一些需要考虑的问题。

第三章和第四章讨论"怎样设计排放权交易体系"的问题和决策者们需要注意的因素。我们先考察决策者的目标和在设计排放权交易体系时必须考虑的范围更大的框架,强调决策者需要面对的那些重要的权衡关系。第四章论述了各国的排放权交易体系,展示了实践中使用的设计选项的丰富多样性。

第五章到第八章讨论在设计排放权交易体系时,有"哪些"具体问题会对其运行提出挑战。第五章讨论了排放权配额的初始分配。第六章讨论二级市场、欺诈和监督的问题。第七章讨论操作问题,包括监督、核证和执行;本章还讨论了与排放权交易日志有关的问题。第八章讨论在气候变化和排放权交易体系背景下产生的判例,并希望引起设计者对这些法律问题的关注。由于任何政策工具最终都需要在某一监管框架(从而法律框架)下运作,所以这一点格外重要。

第九章讨论通过将排放权交易体系与类似体系连接,扩展某一排放权交易体系所产生的收益。由于设计属性会决定连接的能力,本章会讨论"和谁"一道建立排放权交易体系的问题。第十章总结主要结论。

五、致谢

本书得以完成,要感谢格罗宁根大学法学院法律经济学系能源与可持续研究组诸位成员的持续支持。没有他们的巨大支持和鼓励，这个项目永远无法完成。特别感谢奥斯卡·考文伯格（Oscar Couwenberg），他在本书的写作过程中最能出力，亦最令人振奋。特别感谢埃德温·沃尔德曼（Edwin Woerdman），他始终给予鼓励，关注细节，思维不拘常格，是无价的灵感与批评之源。对于他为本书的重要贡献——关于个人排放权交易的段落和第五章的大部分，我尤为感谢。奥斯卡和埃德温还对本书初稿提供了非常有价值的意见，谨再致谢忱。

最后，我想对协助搜集文献、贡献创意和撰写各章片段的博士生们表示感谢。从学术上讲，与他们一道工作最令人精神振作，收获亦最多。我尤其要感谢查莉斯·范登博格（Charis van den Berg）对第四章和第八章的贡献，苏亚帕提·罗伊（Suryapratim Roy）对第八章的贡献，菲聪·蒂舍（Fitsum Tiche）对第四章和第九章的贡献，以及提斯·容（Thijs Jong）对交易日志部分的贡献。

本书的研究止于 2013 年年初。因此更多新近的发展没有包括进来。但是，有三个方面的发展应予提及：

（1）欧盟委员会关于折量拍卖（back loading）的提议已于 2013 年 7 月 3 日为欧洲议会接受，并且欧盟理事会于 2013 年 11 月 8 日达成一致。关于折量拍卖的立法可能在 2014 年 4 月前通过。

（2）2013 年 11 月，中国北京和上海的排放权交易试点已经开始运作。

（3）自由党—国家党联盟在最近的澳大利亚联邦选举中击败工党之后，联盟领导的政府提出废除碳定价机制（CPM）。鉴于执政党在参议院中不占多数，这个建议是否会通过尚不确定。

第二章　排放权交易与其他政策工具[①]

一、导论

在本章中,先来比较应对气候变化的诸种规制方 10
法,并列出其优势与不足。然后,分析在何种情况下可
以运用排放权交易体系来确保环境保护的效能与效率。
我们尤其关注从这种分析中产生的、对于排放权交易的
设计者来说非常重要的见解。

我们不会一上来就讨论怎样决定环境保护水平这
种重要问题。为给分析提供有用的背景,我们先就气候
变化简单说几句。显然,工业生产(作为经济活动的代
表)与温室气体排放有密切关系。由于工业生产也会带
来效益,所以能让社会福利最大化的排放水平不是零,
而是一个正值。设定温室气体减排目标要受制于科学
不确定性,受制于阻碍设定国际目标的集体行动问题。
国际目标最终要转化成在国家层面上为不同经济部门
制定的规则。就(国际)目标的设定而言,值得一提的
是,有多个潜在的目标。例如,政府间气候变化委员会
(IPCC)第四次评估报告称如果工业化国家(《气候变化
框架公约》附件一国家)想达到445ppm的低稳定目标,
与1990年排放水平相比,它们应在2020年时,将二氧

[①]　本章与 Faure 和 Weishaar(2012)中的阐述类似,但有增补。

化碳当量的排放削减 20% ~ 45%。如果把气温升高控制在 2 ~ 2.4 度，"从理论上讲，全球排放应立刻减少 60% ~ 80%"；如果选择 400ppm 二氧化碳当量的目标的话，则有 75% 的可能性，将全球变暖控制在不超过 2 度。[2] 还有人认为，应采用 350ppm 的目标，以阻止不可逆转的气候变化损害。[3] 无论选择哪一个全球目标，都需要转化为国家行动和国家目标。

有多种政策工具可用于减少温室气体排放。这些工具可以分为两类："命令与控制"型的规制工具和"基于经济诱因或基于市场"的政策工具。命令与控制型的规制工具通常是指通过立法规定允许什么或不允许什么来对产业或行为进行直接规制。与此种规制工具形成对照的是，经济学文献建议使用基于经济诱因或基于市场的政策工具。这类政策工具设定具体的环境目标，然后由市场参与者来决定怎样实现目标。这类政策工具通常基于财务性诱因。税收和排放权交易体系是此类基于经济诱因或基于市场的政策工具的范例。

命令与控制型的规制工具和经济型工具之间并非泾渭分明，因为命令与控制型工具的责任规则通常要依赖经济性惩罚，因此也可以说是"基于经济诱因的"。无论哪种工具，要想奏效，都必须有某种形式的法律设计、规制和执行。因为每种工具均各有所长，所以在文献中多论及政策工具的最优组合问题。

本章会讨论命令与控制规制与基于经济诱因或基于市场的工具的优势与不足。本章也会讨论灵活性、成本效率和政治可接受性等问题。对于气候变化政策设计而言，此种比较研究能带来不同的乃至有时看似矛盾的视角，因而甚为有益。我们认为，由于尚无某一种工具（命令与控制性规制工具、责任规则、税收或排放权交易体系）能为控制温室气体排放提供最佳诱因，因此存在多种方法亦不足为奇。正如在政策实践中经常发现的那样，政策的组合在理论上可以最好地利用每种政策工具的优点，因而是必要的。本章首先讨论命令与控制型工具（第 2 节），然后讨论责任规则（第 3 节）。然后再讨论气候讨论税收与排放权交易（第 4 节和第 5 节）。结论部分突出强调与排放权交易设计有关的结论。

---

② 哥本哈根大学（2009）综合报告，第 18 页以下。
③ Hansen（2009）.

二、命令与控制型工具和基于经济诱因或基于市场的工具

传统上环境法很大程度由"命令与控制"型政策工具构成。经济学家越来越多地指出了通过政府规制推行环境标准的若干不足之处。④ 近年来,决策者们重新拿起庇古在 20 世纪 20 年代的观点,认为可以用税收将外部性内部化。此外,1960 年以来,戴尔斯指出,可以通过排污权交易增加社会福利。⑤ 相关文献中把这些政策工具称为基于经济诱因或基于市场的政策工具。政策分析者们提出将这些工具作为命令与控制规制的替代已有数年。运用市场,而不是借助规制,可以提供灵活性,并且有现代意涵。因此,政治家们越来越主张环境政策应该是市场导向的,而不能仅依赖政府的自上而下的规制。

但是,术语可能具有误导性。人们可以争辩说,只要其为污染者提供了有效缩减由污染产生的外部性的适当诱因,则所有法律和政策工具都是"经济型"的。因此,在法律责任为污染者防范污染损害提供了诱因的意义上,责任规则也是"经济型"的。不过,传统上责任规则并不归入"经济型"工具。"经济型"工具这个概念通常是指只规定环境目标、由污染者寻找达到目标的最优方式的工具。

命令与控制型工具的弱点

(1)传统的命令与控制体系基于许可和批准。许可设定了排放标准,但不根据工厂的活动水平限制实际的污染数量。这种规制方法由于只看排放控制而不顾排放对环境质量产生的影响,自 1970 年以来受到批评。尽管有严格的控制,环境质量仍严重退化。环境政策工具的焦点应当是目标标准或适当考虑活动水平的环境质量标准。这一批评本身并未否定命令与控制型方法,因为这种政策工具可以在主要关注目标标准的体制中运用。对命令与控制的其他批评会在下面予以讨论。⑥

(2)命令与控制需要最优的标准和最优的执行,这会涉及很高的信息和执行成本。如果执行达不到最优水平的话,那么产生更多污染反而可以

13

---

④ Faure、Peeters 和 Wibisana(2006)。
⑤ Dales(1968).
⑥ 关于这些批评的总结,亦可参见 Faure 和 Ubachs(2003)。

获得利润。⑦ 尽管可以通过使用产业信息来降低执行和信息成本，但监管的自利理论(private interest theory)表明，产业可以通过扭曲信息来获益。

(3)遵守规制标准(如许可)无法为降低污染或在法律要求之上对环境友好技术进行投资提供额外的诱因。

(4)污染者承担了遵守规制标准的成本。但是，他们可以在遵守规制标准的同时不为污染的残留损害(residual damage)付费。污染者通过遵守法律可以把环境损害的责任转移给政府。

(5)命令与控制无法确保不同污染者之间边际污染成本的均衡。鉴于非常高的信息和规制成本，行政机关将无法确定每一个污染者有效率的污染水平*，亦无法由此确定污染者之间具有可比性的污染减少水平。这是无效率的，并且如果减少污染的可能性不一致的话，会增加社会福利的损失。⑧ 另外，那些能够在规制标准之上减少污染的污染者，将缺少减少污染的财务动因。

这表明，传统的命令与控制方法有很大的不足之处：规制标准通常太过一般化，不够灵活，也缺乏区分。最优的环境政策需要有适应力的工具(因此需要提到"基于市场")，一方面能提供更大的灵活性(考虑每个污染者的最优减少污染成本)，另一方面也为环境技术创新提供了最佳的诱因，而不只是遵守规制标准。在讨论了传统命令与控制方法的不足之后，我们才能更好地理解为什么环境政策分析者们对所谓的经济型政策工具越来越感兴趣。

三、作为基于诱因的政策工具的环境责任

能用于治理环境污染的，不只是命令与控制方法。关于事故中当事方责任归属的法律规则可以被用来诱导污染者减少排放。因此，在气候变化法的语境下，排放者对全球变暖的责任是一个需要研究的重要领域。⑨ 这背后的经济理念是，责任为行为主体谨慎行事提供了诱因。在我们讨论的

---

⑦　参见 Tietenberg(2000)。

*　有效率的污染水平，指污染的边际损害成本等于边际治理成本时的污染水平，此时社会污染的社会总成本最低，故有此称。——译者注

⑧　Rosen(1999).

⑨　收录在 Faure 和 Peeters(2011)中的文章非常充分地展示了这个领域相关主题的多样性。

温室气体减排中,责任可以作为让排放者减少温室气体排放的诱因。经济学家强调侵权法的遏制功能,采用的便是一种事前的视角。

从经济视角看,责任规则的主要目标是将"第一性事故成本"(primary accident costs)——预防事故的成本和事故的预期损失——最小化。[10] 从社会视角看,在事故预防方面的投资代表了与事故有关的成本。典型的例证不仅包括在安全控制方面的投资,也包括像在危险作业中进行特殊防护的这类不那么看得见的成本。事故进一步区分为单方事故(只有加害者一方的注意会影响事故的风险)和双方事故(双方的行为都会影响事故的风险)。[11] 因此,在双方事故的情形下,事故法的目标应当是使潜在的加害者和潜在的受害者的成本以及发生事故时的预期损失这两者加起来的总成本最小化。

经济学家们用经典的成本—收益分析确定能使事故的社会成本最小化的注意义务水平。这种"最优的或有效率的注意义务水平"[12]处于使行使注意义务的边际成本等于减少事故的边际收益的点上。[13] 在风险中性的条件下的结论的确如此。而厌恶风险的行为主体可能愿意在注意方面进行更高的投资。

在讨论了责任规则的规制功能之后,与此有关的问题是,哪一种责任规则能提供恰当的诱因,达到最优的环境损害防范水平。一般而言,有两种经典的法律责任规则:基于过错的责任规则或过失规则和严格责任规则。根据前者,只有在法院认定加害方的行为达不到一定程度的合理注意的时候加害方才进行赔偿。另外,根据严格责任规则,只要在行为和损害之间有因果关系,无论加害方的行为如何,加害方都有赔偿受害方的责任。

经济文献认为,如果我们采用过失规则,在法律要求的合理注意水平等于最优注意水平的情况下,加害方会实施最优水平的注意。[14] 既然个人遵守合理注意标准可以使成本最小化,则过失规则会导致有效率的结果。

在只有一方能够影响事故风险水平的情况下,严格责任规则会导致最优的注意水平。此时加害方承担事故的社会成本,即他行使注意的成本和

---

[10]　Calabresi(1961);Calabresi(1970).

[11]　Shavell(1987).

[12]　Landes 和 Posner(1984);Polinsky(1983)。

[13]　Shavell(1987).

[14]　Shavell(1987);Calabresi(1975).

预期损害。⑮ 通过比较行使注意的边际成本和减少事故的边际收益,潜在的加害方可以将其事故的总期望成本最小化。

如果只考虑在发生事故的情况下加害方注意水平的影响,则过失责任原则和严格责任原则都能提供采取最优注意水平的适当诱因。但是,这里也存在重要的微妙差别。由于严格责任的加害方总是有赔偿义务,所以总会有法律诉讼,因此严格责任的管理成本和法律成本似乎更高一些。另外,就过失责任而言,法官为了确定加害方是否实施了"合理注意",需要确定实施注意的边际成本与边际收益,因此对于法官来说,信息成本更高。⑯

16

在双边事故的情形下,在严格责任之上,会增加共同过失或比较过失作为抗辩,这会给(潜在的)受害者以诱因,令其采取最优的注意。在这种情况下,过失规则会诱使受害方采取合理注意。聪明的受害人会假定潜在的加害方为规避责任会采取合理注意;所以受害方会避免发生事故,以免自担损失。关于危险活动的水平的文献中对此有更为完美精练的表述。⑰

在大多数情况下,环境污染可以被当作一种单边事故。由于受害者无法影响事故风险,因此严格责任看起来是一个最佳解决方案,能给潜在污染者提供诱因,使其采取最优活动水平、行使有效率的注意。⑱

在污染方之外的其他当事方也能影响环境损害的情况下,责任规则应能为其他当事方也提供诱因,促使其采取适当的防范措施。在第三方也是受害方的情况下,环境污染就不再是单边风险,而是双方风险。严格责任规则的正当理由在于,严格责任规则能够为最能影响风险的当事方(污染方)提供诱因,促使其采取防范措施。在双方风险的情况下,受害者可以以无过失作为抗辩理由。如果污染方之外的其他当事方也能影响事故风险,他们将为他们造成的损害份额承担法律责任。但是,这种观点并非反对给污染者课加严格责任。

把上述理论用于确定在环境污染案件中是选择过失责任规则还是选择严格责任规则,我们发现支持严格责任的观点非常强烈。在只有加害方的行为影响事故风险的意义上,许多环境污染无疑都是单边的,而单边风险指向严格责任。不过,在有些情况下,是受害方的活动导致损害——例如,受

---

⑮ Polinsky(1983);Shavell(1987).

⑯ Brown(1973);Calabresi(1975);Shavell(1987).

⑰ Adams(1989);Diamond(1974);Shavell(1980).

⑱ 参见 Faure(1995)。

害方明知风险而进入其中。在全球变暖及与此有关的海平面升高问题上，如果受害方迁移到易于发洪水的地方，则受害方也应承担部分损失：这会使他们的索赔请求遭到拒绝。[19]

　　过失责任和严格责任的另外一个重要区别也应予提及。过失需要法官设定注意的标准。信息通常成本高昂，难以获得。这使过失是一种非常昂贵的责任基础，因为法院要耗费资源来获取信息；如果法院基于不完全的信息作出判决，则这些判决可能有系统性错误。严格责任把这些成本都放到了加害方身上，由加害方决定最优的注意水平。如果产业行为主体能免费得到最优防范措施的信息的话，则严格责任更受推崇。

　　安德烈什和施瓦策指出，如果引入风险厌恶，并且潜在的加害者是风险厌恶者的话，只有在风险能够从厌恶风险的加害者那里消除的情况下（如通过保险），严格责任才是有效率的。[20] 此外，这里我们假设法官掌握关于损害程度的精准信息。如果法院在评估损害水平时发生错误的话，严格责任会导致法律的威慑遏止作用不足（under-deterrence）。如果与此相反，法院更容易观察到社会所期望的防范措施水平，而较难观察到外部损害的具体程度，则过失责任更受推崇。[21]

环境责任与规制

　　环境责任虽然是防止环境损害的重要工具，但在气候变化领域运用甚少。责任诉讼可以用来要求损害赔偿，用来在程序性案件中（如对环境影响评价提出异议或进行司法审查）申请禁令和/或要求确认法律关系。大部分诉讼请求都以败诉告终，并且都是针对公共机构而非产业部门。胜诉的诉讼请求多与程序性的损害有关，[22]并且禁令性或确认性的救济措施从潜在意义上是胜诉的。[23] 相比欧洲而言，气候变化诉讼更多地发生在北美、澳大利亚。

　　环境责任有着很严重的局限。有些学者因此把公法方法界定为防止环境损害的"受推崇的方法"。[24] 如果使用责任法的条件未被满足——如受害者和加害方，或者行为和损害之间的因果关系无法确定——就应当使用责

17

18

⑲　参见 Wittman（1980）。

⑳　Endres 和 Schwarze（1991）。

㉑　Cooter（1984）.

㉒　Kosolapova（2011）.

㉓　Spier（2011）；Van Dijk（2011）.

㉔　Bergkamp（2001）.

任法之外的政策工具。在气候变化的语境中,有一系列问题阻止了责任规则的有效适用。我们会在简要阐述法律经济学的一般原理之后讨论这些问题。

法律经济学的文献已经较为透彻地分析了在社会中是通过责任规则还是通过规制能够最好地实现安全目标。其中一项重要的贡献来自沙维尔,他讨论了怎样在两者之间进行选择。[25] 责任规则与规制都能以最优的方式防止环境损害,但其具体方法不同。侵权法通过使制造风险者支付损害赔偿来为采取最佳风险防范措施提供诱因,但侵权法把采取措施的选择权留给风险制造者。政府通过规制事前课加标准,不遵守标准会导致行政或刑事处罚。因此规制被认为是一种旨在防范的事前制度,而责任规则主要是在损害发生后的事后干预。下面会讨论沙维尔所提出的在安全监管和责任规则之间进行选择的标准。

信息不对称

信息不足,是市场失败的原因,也是政府干预的正当性所在。[26] 信息不足是责任制度良好运作的关键要素。事故中当事方对事故风险的信息的掌握程度要优于监管者,[27]因此也能更好地确定最优的防范行为。如果风险没有被事故当事方所察知的话,这个假设就要颠倒过来。在成本属于外部成本、当事方无法对其作出评估的情况下,这尤其是个问题。

无力偿付

如果潜在的损失超过了加害者个人的支付能力,责任规则通常无法提供最优的诱因,因为加害方会认为事故的损失只等于他的财务能力,因此采取的防范措施低于最优水平。[28] 这导致法律的威慑和遏制作用不足。[29] 无力偿付在严格责任领域尤其是个问题,在过失责任的情况下问题小一些。

以环境为导向的安全监管能克服无力偿付的问题(保险也能解决这个问题,前提是要能解决与保险有关的道德风险问题)。在安全监管之下,合理的注意水平是事前决定的,并且受到强制遵守标准的执行工具的影响,而与加害方的财务资源无关。如果引入安全规制是为了解决潜在的无力支付

19

---

[25] Shavell(1984a)、(1984b)和(1987)。

[26] Stigler(1961);Schwartz 和 Wilde(1979);Mackaay(1982)。

[27] Shavell(1984a).

[28] 同上。

[29] Shavell(1986).

赔偿的问题,则应引入非金钱性的处罚以避免再出现这个问题。[30]

侵权法威慑作用不足

有些活动会导致很大的损害,但是加害方很有可能永远不会因此上法庭。在没有诉讼的情况下,责任规则不会是有效的,而设定了有效率的注意义务标准的规制更受推崇。[31]

当给每个个人造成的损害都很小的时候(如对公共财产造成的损害),当损害需要一段时间才会显现而证据又灭失的时候,或者当加害方破产时,加害方就能逃避责任。

证明侵权活动与损害之间的因果关系可能非常困难。[32] 随着时间的推移,证明因果关系的难度越发增大;受害者们通常不会认识到损害源自侵权行为,而认为其是自然的结果。由于这些原因,受害者可能不会提起法律诉讼。这使我们有必要通过环境导向的安全监管来确保潜在的污染者能采取足够的注意。[33]

在气候变化责任的语境下,沙维尔的标准仍然是我们重要的出发点(point of departure)。例如,如果法院准备在气候变化案件中接受共同和连带责任的话,无力偿付问题就变得格外重要。这会严重威胁到商业主体的财务状况。[34]

高昂的诉讼费用、获取信息和证据的费用、错误判决的风险,都会对责任规则的有效使用形成障碍。这些成本限制了案件起诉的数量,导致法律威慑遏制作用不足。另外,证明有具体的或确切的损失是成为适格诉讼主体(legal standing)的前提条件,这对气候变化领域责任制度的前景产生了负面影响。集体诉讼,或者让非政府组织(NGOs)获得诉讼主体地位,可能会增加责任索赔的数量。即便有集体诉讼以及 NGOs 获得诉讼主体地位,如果责任案件——恰如我们预期的那样——仅仅被局限在有限的受害者和被告之间的话,气候变化责任制度的有效性也会被削弱,也因此无法成为气候变化的结构性方法。

此外,由于在许多国家,(禁制令救济之外的)的索赔请求只有在损失实际发生时方能提出,因此对于气候变化这样紧迫的问题而言,责任方法可

20

---

[30] Shavell(1985).

[31] Shavell(1984a).

[32] Landes 和 Posner(1984);Kunreuther 和 Freeman(2001)。

[33] Bocken(1987)和(1988)。

[34] Kaminskaitè-Salters(2011).

能不是防范的重点所在。再者,公司可以用法定授权抗辩,即遵守法律规则的公司没有违法,这样就会削弱责任索赔的主张,并因此免责。气候变化责任制度的另外一个重要问题是所谓的"政治问题不可诉原则"(political question doctrine),即法院不愿意把法律扩展到法官认为太"政治化"的领域。因此,法院可能不欢迎气候变化责任索赔请求。在本书第八章中有这样一个例子。

因此,仅仅靠责任规则不足以防范环境损害,尤其是在气候变化的情况下。必须考虑命令与控制型规制之外的其他政策工具,如税收和排放权交易体系。

根据沙维尔的标准和前面关于气候变化与责任的讨论,有一种强有力的观点认为,要通过事前规制(或其他适当的政策工具)来控制环境风险。但是,规制的有效性取决于执行,而执行可能没有那么强,并且易受游说的影响。规制也缺乏灵活性,并且可能会过时。基于这些考虑,责任规则就成为规制的重要补充,如在个人损害赔偿的案件中。㉟

关于通过责任规则进行规制,还有另外一件事需要考虑,就是可接受性。在有些国家,法院解决冲突的可接受性很高,但是在其他国家,这种可接受性很低。例如,人们常说,美国的诉讼很多,广为大众接受;与此形成对照的是,日本的情况恰恰相反。在高度重视和谐的社会,责任规则可能不太被接受,因此无法作为有效阻遏污染者的机制。

四、环境税

经济理论预言,如果某物定价过低,则会被过度使用。如果这种"过度使用"导致市场参与者的生活水平降低,这个命题就变得格外重要。温室气体没有市场价格,企业家不会考虑对环境造成的负面影响(或者经济学家所说的"负外部性")。可以通过把温室气体引入到市场价格机制中(将负面效应内部化)来克服这种"市场失败"。这背后的基本思路就是为了产生较少的温室气体,其价格会增长到足以反映其社会成本的水平。税收制度和排放权交易体系可以用来增加温室气体生产者的成本。是生产者还是

㉟ 关于侵权法和规制之间的互补关系参见 Rose-Ackerman(1992)和(1996);Faure 和 Ruegg(1994);Kolstad、Ulen 和 Johnson(1990);Arcuri(2001)和 Burrows(1999)。关于美国与欧洲的,参见 Rose-Ackerman(1995)和(1996)。

消费者承担这个成本并不取决于两者之中谁有法律义务交税,而取决于两个社会群体中哪一方更难以避税。[36]

就引入 CO_2 价格而言,可以预期的是,国内生产总值(GDP)的增长率会降低,甚至是经济收缩。尽管有这种效应,或者更为准确地说,因为有了这种效应,社会得以改善。由稀缺资源的过度使用所造成的社会绝对损失会降低到整个社会所希望的水平上。GDP 只关心可以经济量化的数据,没有把对环境的损害考虑进来,因此不是衡量社会财富的切实可行的指标。

阿瑟·C.庇古首先提出了用于环境污染的庇古税。他认为,可以通过税收来反映社会边际成本(反映所有的负外部性),由此提高厂商的边际私人成本,把污染降低到社会所希望的水平上。由于反映了污染的社会成本的税收提高了污染者的生产成本,所以厂商会将活动水平降低到社会最优值,使利润最大化。[37] 在减少污染的成本问题上,有些人对庇古的想法进行了重新改造。在此,研究者们把厂商减少污染的边际成本和减少污染的外部边际成本加以比较。[38]

税收有几个方面的优势:

(1)碳税提供了清晰和持续的诱因,使排放者为了降低税负而减少排放活动。对每单位的碳排放以固定价格征税提供了清晰无误的价格信号。这样一种清晰固定的价格信号减少了在创新和减排方面进行投资的商业不确定性。价格平稳减少了与减排投资有关的风险,也会促进减排技术的创新。

(2)税收给政府带来收入。由于环境税用于将市场失败内部化,可以预期的是,比起其他税收,如对资本和劳动的税收,环境税对相关市场价格的扭曲较小。[39] 当然可以减少这些税收的扭曲效应。

(3)如果有必要突出环境目标,或者要限制产业的成本负担,可以对税收进行调整。但是,这种调整可能会改变厂商对风险的认知,并因此对其减排技术的投资决策产生负面影响。

(4)在同一辖区内,环境税不给现有的企业提供比较优势;在这个意义上,环境税没有扭曲竞争。其中原因在于所有的企业——已有的企业和新进入的企业——都受制于同样的法律框架。比起排放权交易体系中基于历

---

[36] 如同经济学家所言,这取决于需求的收入弹性。
[37] Groosman(1999).亦参见 Turner、Pearce 和 Bateman(1994)。
[38] 参见 Pindyck 和 Rubenfield(2001)。亦参见 Perman 等(2003),第 17 页以下。
[39] 对劳动征税使与机器相比,工人更为昂贵。结果,企业为了生产雇用较少的工人而购买更多的机器。工人的情况变差,机器制造商的情况变好。

史排放(如祖父法)免费分配排放配额,税收的这个积极方面是一种优势。[40]

23   尽管有前述的优势,环境税并非没有问题,甚至是有一些关键问题:

(1)当企业知道碳税的价格负担时,税收计划的环境效应是不确定的。公司的排放水平可能各有差别,这意味着环境目标有可能达不到。

(2)应当以让污染的边际收益等于污染的边际成本的方式设定税率。未能合理设定税率会影响实现税收在将外部性内部化方面的目标。庇古税是一种简单的基于诱因的机制,能诱发行为变化。但是要想设定最优税率,政府需要详尽的信息,而这一点常常无法做到。[41] 如果税定得过高,公司会缩减规模,甚至把生产迁到国外。如果排放权交易体系把目标定得过于严厉,也会产生类似问题。在这里,我们将把生产迁到国外称为碳泄漏。

(3)税收的有效性还在很大程度上取决于需求和供给。只有当需求曲线和供给曲线都较为平滑(有弹性)时,价格增加才会导致消费或供给模式的显著变化,从而使税收有效。如果供给曲线和需求曲线两者之一或全部都高度缺乏弹性,税收的效果将会非常小,不会改变消费或生产模式。

(4)使用单一税率未能与庇古税的理念保持完全一致。由于公司边际成本函数不同,单一税率无法对所有的减排都提供合适的诱因。

(5)总体而言,对于有些收入科目而言税收具有递减效应,碳税亦不例外。尽管从经济学角度而言,对是否要将收入效应纳入效率分析存在很大争议;但是从政治角度而言,这些问题必须适当加以考虑。

五、排放权交易

传统的命令与控制方法通常被认为缺乏灵活性和诱因,其太过统一,以

24   至于无法对污染企业的减排潜力进行区别处理。更为严重的是,有些精细调整的规制,如许可制度,需要昂贵烦琐的管理工作。戴尔斯引入了可转让的许可证制度。[42] 使用越来越受欢迎的可转让许可证可以克服许可证制度的上述弊端。在排放权交易体系下,决策者按照预先确定的数量向污染者发放可转让排放许可。市场价格和污染者的购买意愿决定着谁会污染,而谁又会投资减排技术,可以有许多不同的分配方案。例如,配额可以拍卖,

---

[40] 祖父法指以历史排放为基础免费分配排放配额。

[41] 关于详细的批评,参见 Fullerton、Leicester 和 Smith(2010)。

[42] Dales(1968)。

或者免费分配。⑬比照我们前面对环境税的讨论,本节先讨论排放权交易的优点,然后讨论其关键问题。

（一）排放权交易的优点

可转让配额有多个优点。

（1）排放权交易允许监管者通过限制排放配额的可得性来决定经济体中的排放数量。因此立法者能直接确定环境绩效。

（2）排放权交易允许有着不同减排成本的参与者彼此交易,并因此让企业家们自行决定由谁实际承担减排义务。这使排放权交易体能以最低成本减排。根据欧盟委员会自己的评估,⑭在 EU ETS 之下,欧盟气候政策的成本在 29 亿欧元至 37 亿欧元。如果没有这个交易体系,欧盟气候政策的环境成本将达到 68 亿欧元。因此,使用排放权交易体系能大幅度节约成本。

（3）由于排放权交易让供给和需求来决定市场价格,因此排放权交易体系能自动根据通货膨胀进行调整。⑮

25

（4）由于可转让许可本身就是许可(排放配额与此相近),所以对于监管者来说更容易接受。与此形成对照的是,人们通常不喜欢税收。

（5）在排放权交易体系中,价格由供给和需求决定。如果由于经济增长,对排放权的需求增加,则排放配额的价格也会增加。这有助于防止经济过热。在经济增长较低或为负值的时候,需求下降,排放配额的价格也会下降。当经济不景气的时候,购买排放配额的财务负担会减轻。因此,排放权交易可以作为减缓市场波动的自动稳定器。

（6）曹明德认为,从发展中国家共同但有区别的责任的角度来看,更应推崇总量与交易体系。因为排放权交易体系能使排放配额在各国之间的分配更为公平,比碳税更具有灵活性。⑯通过这种方式,对气候变化只负有限历史责任的国家,或者减排经济手段有限的国家,可以继续排放更多。

---

⑬　关于两者间的比较,参见 Weishaar(2007a),第 36 页以下。
⑭　European Commission(2005),第 8 页。
⑮　人们认识到,在环境税当中,也有通货膨胀问题。许多环境税都根据通过膨胀进行调整。
⑯　Cao(2011),第 22 页。

(二)关键问题

可转让许可也有一些不足之处,下面逐一列出。

(1)配额价格的波动导致了未来价格发展的不确定性。这会导致在创新(研发)和减排技术上的次优投资,或者在可持续能源供给、特别是在可再生能源方面的有限投资。因此,如果排放权交易体系要承担诸如刺激创新这样的其他政策目标的话,可能会得到令人失望的结果,除非排放权交易体系明确是为这些政策目标而设计。

(2)为排放权交易体系设定最优的排放水平需要详尽的信息。在科学不确定的情况下无法获得这些信息。因此,决策者需要在设定排放目标的时候作出实用主义式的决策。此外,对于应承担多大的气候变化责任和为减缓作出多大贡献,各国意见不一。然而,各国之间对于从整体上限制温度升高有着越来越多的共识。超过140个国家赞同IPCC第四次评估报告,认为要减少全球排放,以便将全球气温升幅控制在2℃以下。[47] 但是,各国在评估为达到这一目标所需的政策工具的效能与严厉程度时,仍存在分歧。这些分歧导致各国气候变化政策的目标差异很大,这种差异也体现不同的排放权交易设计和目标制定中。第四章描述了数个排放权交易体系,从中可以看到这一点。

(3)排放许可交易和污染者的减排成本联系在一起。就其他政策工具而言,污染者可以通过把生产转移到减排目标不那么严格的地区或者根本没有减排目标的地区来规避成本,从而也就转移了污染。在排放权交易中,这被称为"碳泄漏"。

(4)有了排放权交易,当污染水平保持不变时,污染者的减排利润会增加。在污染者免费获得排放配额(如在祖父法分配模式下)并且产品需求无弹性时,会发生这种状况。这时污染者能把大部分碳成本转嫁给消费者。这通常被称为"意外之财"。即便从经济的角度来看这只是一种转移,但从政治角度来看,"意外之财"不可取,因为公众难以接受。[48] 第五章将对"意外之财"加以讨论。

---

[47] 《哥本哈根协议》,第二段。

[48] Woerdman、Couwenberg 和 Nentjes(2009)。

（5）如果排放权交易体系采取拍卖作为配额分配方式的话，能够给政府筹集收入；但如果排放权交易体系使用免费配额分配的话，就无法为政府筹集收入。

（6）排放配额的市场价格可能是缺乏弹性的。配额数量相对较小的变化会导致较大的价格变化。因此，排放配额的市场价格会有较大波动。在各类市场上，价格波动是惯常现象，除非意在通过市场价格诱致行为变化或经济转型，否则无须过分担忧价格波动。在这种情况下，价格波动可能会增加商业不确定性，降低我们所希望的投资水平。

27

（7）排放权交易会产生交易成本和测量成本。对于大规模排放者而言，减排成本的节约程度足够大，能超过交易成本。因此，对于小规模排放者而言，排放权交易不可行。减少监督和管理成本的一个有效方法是缩小排放权交易体系的覆盖范围。另外，排放权交易体系可以集中于过程排放以及生产过程中的燃料投入。但是，对这两者进行测量均花费昂贵，尽管昂贵程度有所不同。燃料投入和能源使用的数据更容易获得，这至少能使部分环境成本内部化。尽管在大型生产企业中这种方法是次优的，但是在因缺乏大型企业而导致过程排放有限的情况下（如在城市排放权交易体系中），这种方法仍然是可取的。

（8）如果小规模的排放者受到其他以排放为目标的政策（如能效标准或建筑标准）的成功规制，会对排放权交易体系的排放产生影响。家庭所消耗能源的减少意味着排放权交易体系所覆盖的相关设施的排放减少。这样的话，相关政策领域所产生的减排会允许排放权交易体系内产生比事前预期更多的排放（"水床效应"）。在有些情况下，如排放权交易体系覆盖了能源部门，同时还有支持可再生能源的有效政策，这种效应就会出现。

六、结语

上面的讨论表明，在以最有效的方式将外部成本内部化的问题上，没有哪一种政策工具是最优的。本章中讨论的各种政策工具既有优点，也有不足，视具体情况而定。没有哪一种政策工具是完美的。因此这些政策工具通常要结合起来使用。尽管在大多数国家，气候变化责任的可能性仍然渺茫，但是在实践中，税收和排放权交易通常结合使用。因此，从排放权交易设计的角度对两者的关系说几句，完全顺理成章。

单一碳税（其成效取决于监测体系）易于适用，管理成本有限。但是其

28

没有对污染者不同的减排成本进行区别处理,导致总的减排成本较高。对于大规模的排放者来说,减排成本下降的收益超过管理成本低所带来的收益,因此单一碳税是次优的政策工具。对于大型的排放设施而言,更是如此。

与碳税相比,排放权交易体系使污染者之间可以相互交易,并因此以最低成本减排。对于污染者而言,排放权交易的管理成本要高于单一碳税之下的管理成本,因为污染者必须监测市场价格,来决定是买进还是卖出配额。在管理成本之增加超过减排成本之减少的情况下,排放权交易体系不是最优的政策工具。对于小规模的排放设施来说更是如此。

如此看来,同时实施碳税和排放权交易体系是一个明智的做法。税收体系集中于小规模的排放者,只会使减排成本产生有限程度的下降;而排放权交易体系适用于大规模的排放者,其允许污染者之间进行交易所产生的减排成本下降非常可观。如果对于排放者既适用温室气体税收制度,又适用排放权交易制度,会增加管理成本负担,对减排的成本效率产生负面影响。如果政策制定者能通过一种政策工具而非两种政策工具来实现目标,这种做法更好。[49]

在设计政策工具以及决定是适用税收体系还是排放权交易体系时,管理成本是一个重要的考虑因素。因此,非常有必要指出的是,排放权交易体系可以通过聚焦于容易以能源账单的形式获得的燃料投入来降低监测和执行成本。当然,这只能把直接源于燃料投入的温室气体外部性内部化。生产过程产生的排放没有算进来。这显然是一个次优的解决方案,但是在排放权交易体系仅聚焦于过程排放数量不大的部门或领域时,这种方法被证明是有效的。

另一个考虑因素是,在更广的气候变化和能源政策中,排放权交易经常是唯一的政策工具。在相关政策领域,政策工具的最优组合才是关键问题。例如,一项成功地用风电替代火力发电的能源政策,会减少排放权交易体系中火电厂的排放。当排放权交易体系所覆盖的排放下降时,排放配额的价格也会下降。这将使排放权交易体系所覆盖的产业部门能够更多地进行排放("水床效应")。如果不同的政策之间有着紧密的互动关系,明智的做法是在设计排放权交易体系时把这些关系考虑进来。这些关系会在第三章做进一步讨论。

29

30

---

[49]　Weishaar 和 Tiche(2013)。

第三章　排放权交易的设计变型

一、导论

关于 ETS 及其设计变型已经有大量的研究。与对　31
各种类型的排放权交易体系的研究相比,本领域的文献
研究可谓丰富。这个观察结果证实了这样一个事实,即
学术界对于这样的问题更感兴趣:在何种情况下某一排
放权交易体系优于其他体系,或者相反。换言之,在何
种情况下,相比于其他排放权交易体系,人们会更偏好
某一排放权交易体系。

但是,我们发现,学术上的类型学对于排放权交易
设计者而言影响非常有限。学术界的研究兴趣似乎与
决策者的政策考量与权衡相去甚远。因此,本章不会依
循传统的学术方法展开,即先从文献开始,然后讨论已
有的通用排放权交易模型。本章会按照排放权交易体
系的设计者们所遇到的问题展开:毕竟决策者们需要处
理的问题远比学术界所考虑的设计选择问题更为复杂。

这种方法先天的不利之处,在于其无法给决策者提
供应该做什么、不应该做什么的清晰指南。原因很简
单:只有在排放权交易体系运作的具体情境下,考虑不
同政策目标的性质后,方能给出政策建议。对于那些希
望同时达到数个政策目标的排放权交易体系设计者而
言(决策者们通常是这样),就怎样做具体的权衡,本章

所论值得深入思考。排放权交易设计者因此会看到,在某些情况下某种特定的设计颇具吸引力,但对其他目标而言,可能另外一种设计更为有用。这一启示会使设计者们在头脑中带着清晰的问题,然后深挖学术文献。只有带着这种清晰的问题,他们才能发现他们所寻求的答案。因为在排放权交易体系设计中,"一码通吃"是不存在的。

我们将用加里·T.马克思(Gary T. Marx)的话来解释上述意思。[1] 马克思(在另外一个情境中)用更为雄辩的方式表达了类似的观念:

> 尽管有些哲学家渴望能找到诀窍,清晰、一贯地理解正当性,但问题的关键在于在如此复杂多变的事项中,不完美的罗盘比完美的地图对我们更有用。这样一幅地图会导致错误的结论,认为道德要求可以被轻易满足;或者导致遥不可及的说法,远得只有天使才能看得见、用得上。我们很难获得未标明地带的地图。新疆域的地图需要从简单的坐标和粗略的估计开始。

本章结构如下:首先在第2节中描述基本的政策框架,即排放权交易体系运作于其中的环境。归根结底,是具体情况决定着哪种设计属性可行,哪种不可行,并因此决定应该选择哪种工具。第3节讨论了排放权交易设计者要达到的目标,以及从效率、环境效能、可接受性的观点看可能的选择。第4节为排放权交易体系的设计者提供了最常见的设计选择,即设计师可以用来搭建他们自己的交易体系的"螺栓和螺母"。结论部分会强调我们的主要论点。

二、政策环境

任何排放权交易体系都需要在特定的环境中运作。这个环境是由大量的政治、社会和经济因素共同决定的。下面的部分提出了排放权交易体系设计者在考虑他们的体系设计和设定政策目标时要考虑的一系列问题。这里基本的假设是:总体的政策框架会对排放权交易体系最终怎样运作以及通过某项设计是否能达到设定的政策目标产生影响。我们把识别出来的问题按照政治因素、经济因素和社会因素三个元维度加以讨论。当然,所列出的问题并非穷举,但是我们会讨论最重要的问题,并为设计者提供相关问题的良方。

32

---

① Marx(1982),第182页(引文略有改动)。

(一)政治因素

政府间气候变化委员会(IPCC)就防止危险的气候变化所需的温室气体减排提出了指南。科学家们所使用的模型的可靠程度与这些模型所依赖的假设相同,因此这些减排目标的科学不确定性是必然存在的。科学家们使用置信区间,只能在(非常)高的确定性上给出建议——然而,有些不确定性总是存在的。因此,在行动时牢记预防原则,并且果断行动,是谨慎妥当之举。在设定防范全球气候变化的(严格)目标的时候,决策者们应牢记,他们也应把全球集体行动问题考虑在内,因为有些国家不会履行其减排目标。在这种情况下,设定目标本身就十分困难。因为温室气体减排通常导致以 GDP② 衡量的经济景气指数下降,所以国内争论会制约目标设定。要想让企业家进行我们所期望的投资,政策目标和政治承诺必须可信。

因此,思考和设计政策必须有整体观。排放权交易作为一种政策工具需要大量的工作。即便教科书上的排放权交易模型看起来非常容易,能够推行,实践中也会需要大量精细规划、搜集数据和颁行法律规则的工作。所有这些都需要时间。如果没有时间搜集排放权交易体系所覆盖的排放设施的真实排放的准确数据,则一个完全成熟的排放权交易体系可能并不是好的政策选择。原因很明显:温室气体排放可能源于燃料投入,但也可能来自生产过程。水泥厂大约55%的温室气体排放来自其生产过程;③来自这些过程的排放可能难以检测和测量。与此形成对照的是,通过把购买燃料的数量乘以燃料消费量对全球变暖的影响(以吨二氧化碳当量来确定),就可以轻易获得来自燃料投入的温室气体数据。如果没有足够时间搜集准确的过程排放数据,在能获得准确数据前,权宜之计是只搜集燃料投入产生的成本。尽管这会产生一个次优的排放权交易体系,但是政治可接受程度会更高。在排放权交易体系只覆盖过程排放较高的设施的情况下(如在重工业相对较少的都市区),这可能是一个可行的选择。

决策者的任务是在各种社会利益之间进行权衡,做出决策。在气候变

33

---

②　作为经济产出的一种不完善指标,国内生产总值经常受到批评,因为国内生产总值没有考虑诸如慈善工作、家务劳动、环境退化等因素。因此,作为一国整体福利水平的代表,国内生产总值是有误导性的。

③　Williams(2007).

化领域,情况也是如此,并且常常会有各种利益相关者。但是,特别重要的是,会有各种政策领域对气候政策产生影响。在设计排放权交易体系时,像能源、建筑标准和产业政策等都会牵涉进来。许多不同领域的政策与排放权交易体系彼此作用,或者取决于排放权交易体系的运作。排放权交易体系具体的设计选择可能会为其他政策领域提供额外支持,也可能对这些政策领域产生削弱作用。

有个例证可以具体说明这一点。欧盟通过智慧增长、可持续增长和包容性增长来应对所有需要减缓气候变化的领域,并为此制定了"20 – 20 – 20"目标。④ 这导致人均排放配额的减少(能效提高),解决了经济中的排放强度问题(通过欧盟排放权交易体系),并且会绿化能源生产(可再生能源)。

尽管最初的想法是处理导致气候变化的所有领域,但需要注意的是,"20 – 20 – 20"所涉及的三个政策领域是相互影响的。更多的可再生能源意味着在 EU ETS 框架内生产的能源更少。与此类似,如果私人住宅所需的供热减少,能源需求就会下降,EU ETS 所覆盖的能源生产者对排放配额的需求也会下降。由于 EU ETS 设计成了一个总量与交易体系,这还意味着 EU ETS 所覆盖的其他部门将面临较低的配额价格,并因此没有足够的动机投资减排技术。因此,工业部门额外增加的排放可能部分地超过了可再生能源与能效的所带来的减排。但是,这种相互作用不是单向的。由于较高的排放配额价格会刺激能效和可再生能源方面的投资,所以这种相互作用是双向的。

34

从 EU ETS 中排放配额价格低迷的情况来看,认为欧盟并没有走在实现其可再生能源目标和能效目标的正轨上的观点并不令人意外。"20 – 20 – 20"的能效目标在很大程度上已经失败了:应该来自能效改进的减排预测大约是 36,800 万吨二氧化碳当量,而按照计划,只能实现 20,690 万吨。⑤ 如果到 2020 年前,私人部门额外投资 700 亿欧元,则可再生能源目标仍旧可以达到。⑥ 近年来,政策制定者们似乎改变了 EU ETS 的政策目标重点,开始批评 EU ETS 无法实现其原始设计中并未承担的政策目标。由于政策工具只能在实现其原始设计所要达成的目标时表现最好,所以这种批评是

---

④ "20 – 20 – 20"目标为 2020 年设定了三个关键目标:(i)欧盟温室气体排放量在 1990 年基础上减少 20%;(ii)可再生能源在总能源消费中的比例提高到 20%;(iii)欧盟的能源效率提高 20%。

⑤ 欧盟委员会(2012d),第 3 页。

⑥ 欧盟委员会(2012a)。

不公平的。因此,排放权交易的设计者必须对更为广泛的政策目标范围了然于胸。

为了强调这个问题的重要性,我们还要意识到,决定政策目标、评估政策目标之间的相互影响和设计运作良好的排放权交易体系是远远不够的。协调复杂的政策领域还意味着政策组合在未来要保持一致。因此这不是一个静态的概念,它也有动态的因素。例如,引入"水力压裂"的新规则,允许在页岩气开发中大规模使用,⑦会对一国的能源结构、温室气体的排放有重大影响(页岩气比煤便宜,并且单位能源所包含的温室气体仅为煤的一半)。这意味着这种新能源的大规模利用会极大地降低排放配额的价格。除非排放权交易体系的设计对配额的过度供给有适应能力,否则排放权交易体系将无法激励绿色技术投资。

再进一步的问题是,尽管立法者给排放定了价格,但厂商和消费者会规避这方面的成本,并因此削弱排放权交易体系的效能。厂商可以"用脚投票"离开,消费者可以购买在国外生产的产品,无须考虑温室气体排放。这些现象通常称为"碳泄漏"。尽管这只是一种纯粹理论上的可能性,但是在配额价格非常高的情况下,会发生碳泄漏,并且其程度低于企业家们通常所断称的程度。⑧ 由于企业为选民提供工作岗位,因此在制定政策目标的时候是一支重要的影响力量,进而也会对排放权交易体系的设计发生影响。

(二)经济因素

排放权交易体系的设计必须考虑整体的产业结构。对于有大量过程排放的排放企业或者只有因燃料投入产生排放的排放企业来说,前文已经讨论过,在特定情况下,只规制燃料排放的、较为简单的排放权交易体系更为有效。设计复杂的法律,把来自少数几处排放设施的少量排放管起来,这种

---

⑦ 页岩气从页岩层中获得。由于页岩气不是储藏在大型的储层中的,因此为了获得页岩气,需要把页岩层压裂。压裂是通过将压裂液(由水、沙和化学)用高压打入页岩层。在美国,开采页岩气在经济上具有吸引力,增长很快。但是,社会对于页岩气有着很强的环境方面的担忧,包括担心压裂页岩层会污染地下水。

⑧ Mattoo、Subramanian、van der Mensbrugghe 和 He(2009);Heilmayr 和 Bradbury(2011)。不过人们观察到,就只涉及电力部门的排放权交易体系而言,在二氧化碳配额价格较低的时候也会发生碳泄漏,因为电力的运输成本较低。

做法从经济角度缺乏正当理由:管理成本可能超过降低排放成本所得收益。

产业结构在其他方面也很重要。如果排放产业主要集中在对经济产出和就业没有决定性影响的部门,造成在游说和政治决策过程方面所受压力较小,则排放权交易体系可以快速推进。在北美区域温室气体倡议(RGGI)——一个美国境内的规制电力企业的亚国家的排放权交易体系中,引入了排放配额的拍卖,以减少温室气体排放。由于参加 RGGI 的各州没有较大规模的重工业,因此电力企业都被纳入用拍卖方式分配配额而非用祖父法分配配额的排放权交易体系。排放权交易体系能产生收入,这些收入可以返还给选民。这样一种"深口袋方法"(有支付能力的方法)可以成为政策制定者在设计排放权交易体系时的一个重要考虑因素。

与市场结构有关的,还有市场支配或垄断的情形是否会出现的问题。产业经济学意义上的市场势力需要支配或联合支配,或有利于垄断的高度集中的产业。如果排放权交易体系的覆盖范围很大,则产业经济学意义上的市场力量不太可能出现。但是,在排放配额的拍卖中,可能出现市场势力,或者在二级市场上以操纵市场或囤积行为的形式出现。在产业经济学意义上的支配并不一定导致问题产生。如果某个公司有大量的排放,就有可能影响配额市场。

排放权交易体系中一个重要但却经常被忽略的属性是排放权交易市场是缺乏弹性的市场。产出的微小下降会引发排放配额价格的大幅度下跌;在经济景气时期,配额价格则大幅度上升。市场价格因此剧烈波动——时而很低,时而又很高。人们批评市场价格波动给投资者发出了不清楚的信号,削弱了在减排和创新方面进行有意义的投资的动机。对于耗资巨大、多年以后才能达到盈亏平衡的基础设施项目来说,这样的价格波动对投资来说尤其成问题。实际上,这会是非常冒险的商业决策。价格波动不会影响排放权交易体系(静态的)环境效能,但可能——取决于具体的政策目标——需要一些支持性的方案,限制碳泄漏或者价格波动。

排放权交易体系是基于市场的政策工具。它使减排成本低的企业比减排成本较高的企业更多地减少排放。这个属性构成了具有成本效率的减排的关键基础,并且在政策组合中使排放权交易体系同其他政策工具区分开来。但是,如果企业不在其减排成本的基础上做出减排决策的话(如果企业受政策考虑因素的影响的话,就有可能发生这种情况),排放权交易体系预期能带来的好处就无法实现。在日本,"铁三角"这个词描述了产业、官僚体系和政治家之间的密切关系。这种密切关系使得企业按照长期利益最大化做出决策,这从纯商业角度来看常常不是理性的。显然,在今天,"铁三角"已成陈迹,可能在当代日本的商业文化中不再具有重要影响。但是,也有其他一些例子。在中国,六个排放权交易试点所覆盖的许多企业都是国有企业。国有企业受到地方政府的影响,可能无法仅按照其减排成本完全自由地做出减排决策。这意味着某家国有企业可能会按照独立企业绝不会接受的条件进行减排,或向其他企业购买配额。结果,减排不是由减排成本最低的企业实施的,对效率低下的企业进行补贴还导致了排放权交易体系缺乏效率的问题。与排放权交易体系有关的效率收益无法实现,或者只在较小程度上实现。在这种情况下,必须对推行排放权交易体系认真加以分析,并且在其设计中应考虑限制行政指导的作用。

价格管制是排放权交易体系设计者应当牢记于心的、阻碍市场力量自由发挥作用的另一个因素。如果法律禁止排放权交易体系覆盖的企业涨价的话,排放权交易体系将无法引发消费者行为的改变。但是,由于消费者最终是定价过低的产品的过度需求者,这种做法又是可取的。在能源价格受到管制的情况下——如在中国[9]——对国有企业来说把碳成本转嫁给消费者是非常困难的。但是,如果能把碳成本转嫁,会诱使消费者购买更多的节能电子产品,在隔热绝缘方面进行够多投资等,并由此减少他们整个的碳足迹。

排放权交易是建立在配额的交易基础上的,因此需要有效的、具有成本效率的市场来进行配额的交易。这通常采用"交易所"的形式,配额在交易所中实时交易。在有些地区,不存在这样的交易所,那就需要建立这样的交易所,因为买家和卖家首先必须找到对方。场外交易(OTC)被证明太过昂贵,会降低排放权交易体系的效率。在欧盟排放权交易体系中,早期的交易采用场外交易和场内交易的形式。此后,衍生品很快发展起来。据估计,目前大部分交易实际发生在衍生品市场上。金融产品提供了对冲风险的机会,据报道,能源企业只有在配额价格更低的情况下才会回到现货市场交易。但是,如欧盟的情况所示,这种金融产品不是排放权交易市场运作的先决条件。在金融产品受到严格管制的市场环境中,这个结论能够用得上。

---

[9] 参见 Jotzo(2013),第35页以下。

(三)社会因素

政治因素和经济因素界定了排放权交易体系运作的框架。除了政治因素和经济因素之外,还有社会因素决定排放权交易体系的效能。我们此处所讨论的问题与对法治、监管的确定性,以及对监测和执行的信任有关。

排放权交易体系是一种基于市场的政策工具。交易体系要运作,就需要对市场的信任。这种信任必须来自政策制定者,同时也来自企业。此外,还需要一个强有力的法律框架,不仅可以使企业获得针对其他企业的权利,而且可以使企业获得针对排放权交易体系监管当局的权利。法律框架需要给企业家提供足够程度的法律和规制方面的确定性,诱使他们在减排技术上投资,并参与排放权交易体系。如果这样的法律框架发育不足,则排放权交易体系无法实现其原本应当产生的所有好处。

排放权交易体系不仅要有对法律确定性和稳定的投资环境的信任,还必须有对排放权交易体系正确的监测与执行的信任。排放权交易体系的测量、报告与核证通常都基于自行测量和自行报告。如果排放权交易体系的测量、报告与核证被普遍认为受到犯罪活动或腐败的影响,则排放权交易体系几乎不可能产生具有成本效率的减排。在这种情况下,排放权交易体系仍然能产生一些温室气体减排,但如果用那些不易产生犯罪行为或腐败的政策工具的话,能更好地实现减排。后面的第六章会讨论在欧盟排放权交易体系中,增值税欺诈和"钓鱼"网站攻击的情况达到如此严重的程度,以至于整个排放权交易市场都被暂停。

(四)结论

本节讨论了在排放权交易体系的运行环境中,对排放权交易体系有影响的数个因素。排放权交易的设计者都清楚地知道,在做出设计选择之前,要认真考察影响排放权交易体系的环境效能、效率和可接受性的因素。上面讨论的政治、经济和社会因素是应予考察的相关因素的重要例证,但更重要的是,这些因素应当使我们更好地理解:不存在对所有情况、所有国家都完美无缺的"一码通用"的排放权交易体系。和任何法律移植一样——排放权交易体系也是深植于法律体系之中的——不可能是简单的"拷贝和粘贴"。对任何排放权交易体系,都必须进行调校,以适应排放权交易体系运作于其中的地区的特定需要。这一点千真万确,因为不同地区排放权交易体系所要达到的政治目标不同,而且排放权交易体系也依赖于所在地区的政策框架。下面这一节讨论潜在的政策目标,并且讨论什么样的设计属性有助于实现这些目标。

三、政策目标

在强调了认真审视排放权交易体系运作于其中的政策法律框架的重要性之后,我们的兴趣重点转向政策目标。许多从事排放权交易研究的学者都乐于证实:温室气体排放权交易是一种具有成本效率的减排。尽管这是排放权交易体系最为吸引人的属性,但是这却常常不是排放权交易体系所承担的政策目标。原因在于,政策制定者的世界更为复杂,追求的远非一个政策目标;有必要在多种不同的社会利益之间进行平衡。

下文列出了不同的政策目标,说明怎样从环境效能、效率和政治可接受度的角度来评价不同的设计方案。排放权交易体系设计者希望实现的政策目标越多,就越难以找到合适的设计方案。读者们也会留意到,有时候设计方案之间是直接冲突的。这或许能解释为什么排放权交易设计如此复杂,为什么学术文献似乎没有给设计者提供具体的设计方案。

我们这里所讨论的政策目标包括环境效能、成本效能、筹集政府收入、经济增长和刺激清洁技术投资。毋庸多言,这个清单肯定未能穷举。 40

(一)环境效能

环境效能,是指实现预先设定的温室气体减排目标。因此,目标究竟是雄心勃勃还是力度不够并不重要,唯一重要的是实现目标。设定正确的目标当然很重要,但是在这里我们略去这部分讨论。

确保实现排放目标的最简单的方式是适用总量与交易体系。在总量与交易体系中,预先确定的配额分配给排放者。由于不允许排放者排放超出预先分配的排放配额的温室气体,排放权交易体系的环境效能可以得到自动保证（当然，对于违反者要处以很高的处罚，还要有有效的监督和执行）。

在没有固定总量的情况下，排放权交易体系无法自动保证环境效能。信用和交易（credit-and-trade）体系意味着产业部门的排放增加甚至可能超出人们希望的水平。在没有固定的、有法律约束力的总量的情况下，如果一旦达到"预想的"排放目标，则收紧排放基准的话，这种排放权交易体系仍然能发挥环境效能。为了达到这个目标，政策制定者必须提前做出反应，收紧排放基准，并且用自己所掌控的政策工具诱取对减排而言足够的、及时的投资。这要求有很大的政治决心、远见和监管权力，而这些条件并不常能满足。如果不具备这些属性和能力的话，就无法保证环境效能。

不管怎样，人们都能看到，在没有具备法律约束力的总量的情况下，当设定更为严格的排放标准以防止超过"预想的排放目标"时，"预想的排放目标"中应包含一个安全阀：由于"安全阀"的存在，维持"预想的排放目标"的社会成本高于同等程度的总量与交易目标下的减排成本。通过安全阀来收紧"预想的"排放目标使信用与交易体系对于社会来说更为昂贵，但它能产生更多的减排。由于排放权交易体系所覆盖的排放主体会对排放标准的突然收紧感到意外，因此他们在温室气体减排技术上规划投资的能力可能受到限制。这会给他们带来不合理的成本。

41

但是，更为严格的排放目标的确允许在排放方面有效率的企业增加生产，获得市场份额，因为这些企业比其他企业更能使自己的减排成本最小化。这对竞争和社会福利应该会产生积极的影响。[⑩]

政策目标的可接受性取决于排放权交易体系的具体设计。排放权交易总量对有些利益相关者而言可以接受，但对另外一些利益相关者而言可能无法接受。总体而言，我们可以假定，对于产业部门来说，没有排放总量更容易接受。因为没有排放总量意味着允许生产增加，而排放总量会使增加产出变得更为困难。在欧盟排放权交易体系中确立了排放总量，但在新西兰就不可能做到这一点。新西兰的排放权交易体系既没有排放总量，也没有对进口京都碳信用的数量限制（但是后者正在发生变化，因为新西兰不是《京都议定书》第二承诺期的成员国，所以限制使用京都碳信用）。

---

⑩　Weishaar（2009），第 V.2.2 节。

(二)成本效能(最低减排成本)

排放权交易体系的"成本效能"旨在确保温室气体的减排以最低的成本进行。这涉及排放配额的流通市场(liquid market)。通过让排放权交易体系覆盖更多的部门,或者与其他排放权交易体系连接,可以提高市场流动性。这也意味着配额交易的交易成本很低,能使交易尽可能多地发生。除了允许其他部门和国外也能获得成本较低的减排机会以及较低的交易成本,还应当维持较低的管理成本。这些成本主要是来自测量、报告与核证(MRV)的成本。这些成本与排放权交易体系的具体范围有关,也与排放权交易体系是只覆盖燃料成本还是也覆盖其他过程排放有关。人们认为,信用与交易体系成本较高,因为这种体系要求每个产生出来的碳信用都经过监管当局的批准认可。[11] 不同的分配机制导致不同的交易成本。这些交易成本将共同决定哪些生产者会采取减排措施,并因此决定能使排放权交易体系所覆盖主体共同受益的交易在何种情况下可以发生。如果交易成本过高,交易会减少,配置效率会下降。[12][13]

42

(三)筹集政府收入

在预算约束较紧张的时期,通过向"公害"(public wrongs)征收税费来为政府筹集收入是一项有吸引力的选择。给温室气体排放定价意味着企业在做出生产决策的时候必须考虑污染的成本。筹集的收入来自对市场失败(此前污染无须付费)的矫正。因此,并没有扭曲商品和服务的价格。由于政策制定者不知道排放权交易体系所覆盖的排放者的减排成本,因此应让市场来决定配额的价格。这可以通过配额拍卖来实现。

排放配额拍卖允许市场参与者自己决定配额的价格。因此,拍卖能提

---

[11]　Tietenberg,Grubb,Michaelowa,Swift 和 Zhang(1999),第 26 页、第 34 页和第 107 页。

[12]　Frank(1997),第 350 页,把配置效率定义为所有从交易中可能得到的收益均能获得实现的一种条件。这意味着如果市场参与者对某件商品给出自己的估值的话,也一定有支付能力获得该件商品。

[13]　参见 Harrison 和 Radov(2002),第 52 页。

供有效率的分配。此外,克雷姆顿和克尔[14]发现,拍卖收入可以循环回馈使用,减少扭曲性的税收("双重红利假说"[15]),因此拍卖有吸引力。如果拍卖收入以税收减让的方式(如通过减少扭曲性的劳动税[16])返还给企业,完全补偿单个企业因拍卖产生的开支,投资就不会流出到国外。[17]

拍卖配额意味着不是所有的配额都免费分配。在基准线法或祖父法基础上免费分配配额将减少能用于排放的配额的数量,并因此减少政府收入。要想诱使排放权交易体系所覆盖的排放者在拍卖中支付高价,必须有配额短缺。比起信用与交易体系,总量与交易体系能更好地制造短缺,并因此成为在使政府收入最大化方面的更受推崇的设计选择。[18]

但是,如果既得利益方钟爱免费分配的话,从政治接受性的角度来看,拍卖可能不是最佳的选择。具体而言,祖父法是最受欢迎的,因为它使决策者有更大的政治控制,允许把分配争议考虑进来。[19] 但是也有拍卖得到政治支持的例子。例如,在 EU ETS 中,由于排放配额的机会成本转嫁给了最终消费者,因此消费者饱受能源价格高企之苦。由于电力企业是免费获得配额的,这导致电力企业获得"意外之财"。消费者非常不满,因此引入了拍卖。(第五章会再讨论"意外之财"。)前面(第 2.2 节)还提到另一个例子,就是 RGGI 为了再分配的目的引入拍卖收费。

(四)经济增长

排放权交易给我们不想要的活动增加了成本负担。因此,先前无成本的环境污染被"内部化",即放到市场价格机制中来。当生产者把真实的污染成本考虑进来的时候,产品价格会增加,产量会减少;因此经济会紧缩。

---

[14] Cramton 和 Kerr(1999)。
[15] 关于双重红利假说,可参见 De Mooij(1999)。
[16] 关于劳动税,可以参见 Parry,Williams 和 Goulder(1999)。
[17] 这种对劳动或利润产生扭曲效应税收可以用对二氧化碳排放征收非扭曲性的税收来替代。Ballard,Shoven 和 Whalley(1985)估计每征收 1 美元扭曲性税收实际要耗费社会 1.30 美元。因此拍卖可以对包括排放主体在内的整个社会形成改善。Bovenberg 和 Goulder(2000)也发现了减少扭曲性税收带来的额外收益。
[18] 在信用与交易体系中引入拍卖在理论上是可能的,但是可能会使排放权交易体系的目标和目的无法达成。参见 Weishaar(2012)。
[19] Stavins(1997).

协调排放权交易和经济增长之间的关系是一件令人望而生畏的工作。尽管如此,由于经济增长给我们带来了繁荣和就业,因此经济增长是许多政治家都会追求的重要政治目标。

减轻企业的排放权交易的经济负担有多种方法。这些方法包括免费分配、最高限价(price ceiling)和触发价格(trigger price)、抵消(offset)、支持计划和强度目标。下面依次讨论。

免费分配

在总量与交易体系内,排放权交易的设计者可以选择免费分配配额,如采用祖父法的形式。祖父法是使原有的生产者可以继续生产,但是这些生产者通常会给增加的生产成本(机会成本)定价,将其转嫁给消费者。这是理性的商业行为,能否成功取决于其所面对的需求价格弹性。尽管这样的分配形式减轻了企业的现款支出(out-of-pocket expenses),但没有完全消除成本负担,因此限制了经济增长。毕竟让污染者承担成本是我们希望排放权交易体系所能产生的结果。

最高限价和触发价格

限制碳价和允许更便捷地获得排放配额都有助于经济增长。限制碳价的方法之一是当市场价格达到某一触发价格时供给更多的排放配额。这通常也叫最高限价。在澳大利亚排放权交易体系中使用了最高限价制度(在第四章有讨论)。如果立法者不想在触发价格点上无限量供给配额,也可以在不同的"触发价格"点上供给一定限量的配额。美国的RGGI也使用了这种制度,在第四章中也有讨论。

与此形成对照的是,在没有排放总量的情况下,使用像基准线法这样的免费分配方式在限制生产者的成本负担的同时仍然能使产业繁荣增长。当然,政策制定者面临的难题是环境保护技术标准只能暂时限制排放。经济还会增长,并导致排放继续增加。这会削弱排放权交易体系的环境效能。

抵消

还可以通过允许排放权交易体系更便捷地获得来自国外的、较为廉价的减排配额促进经济增长。如果这些减排确实实现了的话(也就是抵消的质量有保证),则通过这样的抵消,能确保排放权交易体系的环境完整性。较为廉价的抵消给生产造成的成本负担较低,并能因此对经济产生积极促进作用。但是,不利之处在于,抵消会将排放配额的市场价格降到较低的程度,以至于无法为技术创新提供足够的诱因。这也是EU ETS中配额过度供给的原因之一,我们会在第五章对此做进一步讨论。

支持计划

另一个让经济持续增长的方法是对处于困境中的产业给予支持。这是一种对"能源密集型和贸易竞争型"（EIET）产业的支持可以采用免费分配配额或直接补贴[如国家援助(state aid)]的方式。从经济效率的角度看，对这种产业政策和补贴通常有消极看法，因为很难确定某个产业的景气是不是由于补贴的原因。一旦给予这样的补贴措施，从政治角度讲，就很难再取消。另外人们担心的是，其他国家会采取类似的保护措施来支持他们自己的产业。尽管有这种效率方面的担忧，但此类措施是能让这些产业增长的一种方法，其代价是其他产业和没有受到支持的部门需要在减排温室气体方面做出更多的努力。大部分排放权交易体系为能源密集型和贸易竞争性产业提供专门的支持措施。在大多数国家，对此类政策也有政治上的支持。当然，一旦这类措施的成本增加，并且这种增加被承担成本的企业明确感受到的话，政治支持就会发生变化。

强度目标

另一种让经济持续增长的方法是强度目标。强度目标要求降低每单位GDP或每单位产品的碳强度。中国设定了每单位GDP的强度目标。这种制度的好处在于随着经济增长，排放还能增加，同时实现经济向需要技术创新和投资的、更有碳效率的方向转型。这种排放权交易体系需要在温室气体排放或GDP随着时间推移发生变化时，对强度目标进行调整，刺激减排技术方面的投资。相关的减排和刺激投资的政策目标包括:(i)存在持续的价格信号，能激励清洁碳技术方面的投资;(ii)为了对应不同的经济增长水平，必须直接影响流通中的温室气体配额数量。这需要一种把价格控制与数量控制结合在一起的制度。进行这种双重约束的方法之一是把税收和排放权交易体系结合起来。在具体的制度设计当中，这种结合可能导致双重付费和较高的管理成本，可能会增加边际减排成本。[20] 但是，还有其他的设计选择，让政策制定者既能影响配额的数量，又能影响市场价格，这就是有保留价拍卖。运用拍卖保留价可以使政府直接决定供给和市场上的配额价格。未能以保留价售出的配额必须注销，以防止因市场参与者产生预期，认为配额会在交易期结束之前流入市场，从而使市场价格下跌。有保留价拍卖是一种有效的手段，既能达到强度目标，同时又能避免双重支付、管理成本高和增加边际减排成本等不足。

46

---

[20] 关于对这里提出的观点的全面论述，参见 Weishaar 和 Tiche（2013）。

（五）刺激投资

刺激在清洁技术方面的投资是一个重要的目标。一般认为,这是缘于排放权交易体系内排放配额的稀缺性。如果由于经济下滑,导致配额过度分配或过度供给,配额的市场价格会急剧下跌。由于价格波动,企业不愿意进行长期投资,因为它们在这样的规制环境中无法预测商业风险。因此在绿色技术方面不会有投资。促进投资之道在于确保足够高且稳定的市场价格。有多种方法可以确保这一点。可以使用的方法包括控制数量(quantity targeting,增加排放配额的稀缺性)、最低限价和拍卖保留价。下面依次讨论。

提高排放权交易体系中配额的稀缺性是提高配额价格的一个方法。达到这个目标的方法如:(i)分配更少的配额;(ii)政府购买排放配额以抵消严重的过度供给;(iii)增加排放权交易体系覆盖的部门;或者(iv)与其他市场价格更高的排放权交易体系连接。

后两种选项较为简明直接,从政策角度看大致没有什么问题。前两种选项值得进一步关注。分配的配额比原先预期的要少的话,会引起排放权交易体系所覆盖的排放者的反感。这会降低人们对排放权交易体系的信任,也降低对政府的信任,因为与政府达成的交易不复存在了。即便从法律上对合理期待没有保护,不禁止政府改变"游戏规则",但是要获得对这种改变的政治支持,仍然是非常困难的。配额的削减不仅发生在价格低迷的时候,也出现在价格较高的时候。这意味着价格总体上会更高(尤其是在缺乏弹性的排放配额市场上)。这种做法虽然有效,但结果是使排放权交易的成本高出我们希望的水平。设定配额的最优数量以刺激投资本身就是非常困难的,因为排放权交易体系的设计者不知道什么水平的配额分配数量会引发刺激投资所必需的价格水平。

政府购买市场上的配额会让排放权交易体系所覆盖的排放者中那些能卖出配额者感到高兴,因为它们可以从较高的市场价格中获益。但那些不得不以较高的市场价格买入配额的企业会感到不悦。此外,纳税人也会不悦,因为最终是由他们为这项政策埋单。政治家会因"操控"市场价格和干预排放权交易市场受到批评。因此,这样的政策在实践中很难推行。

另一个刺激投资的方法是控制价格。可以对进入排放权交易体系的每一笔抵消都额外收费，直到收费达到被认为高到足以刺激投资的水平。澳大利亚曾经想推行这种制度，但是由于澳大利亚的排放权交易体系与EU ETS进行了单向连接，该计划被弃置。如果在国内市场上存在配额短缺，并且对抵消的收费足够高的话，该项措施在引发投资方面是有效的。设定恰当的价格水平本身是非常困难的，因为排放权交易体系的设计者不知道交易体系所覆盖的排放者的边际减排成本。

还有一个方法是拍卖保留价。在广泛使用拍卖的排放权交易体系，可以规定保留价，配额不得低于保留价出售。未售出的配额将被注销（从市场上移除），以便能产生更为立竿见影的价格效应。由于有效阻止了新配额的供给，市场价格低迷的情势将得到改观。保留价和触发价格类似：低于保留价，配额不会涌入"过度供给"的市场。当然，只有在保留价设定在足够高的、能引发投资的水平时，保留价才会发挥作用。同前面一样，设定正确的、引发减排技术投资的拍卖保留价水平本身是非常困难的，因为排放权

48 交易体系的设计者没有关于边际减排成本结构的必要信息。

这三种方法的政治可接受性有很大差异。澳大利亚排放权交易体系中包含收费的成分，被人们以消极和误导的方式说成是一种碳税。与此类似，欧盟委员会似乎竭尽全力，确保在 EU ETS 中不要有价格管制，但对数量管制却安之若素（当然，数量管制对排放配额的市场价格有非常直接的影响）。美国的 RGGI 中有配额拍卖的保留价，这种做法在当地被接受。由于保留价使市场在触发价格之上时自由运作，不受扭曲，且允许市场价格临时跌落到触发价格之下，所以保留价被视为是一种"温和形式"的价格管制，运用市场力量刺激绿色创新仍然被允许。

（六）总结

本节介绍了政策制定者希望通过排放权交易体系达到的数个政策目标。对于每个目标，都有有效的解决方案。但是，如果政策制定者希望通过一个排放权交易体系同时达到一个以上的目标的话，就很难找到有效的解决方案。由于各目标的"有效解决方案"差异甚大，所以必须做出妥协。因此，非常重要的一点是，政策制定者在开始设计排放权交易体系的属性之前，对于想要达到什么目标必须非常清楚。同样需要强调的是，按照诺贝尔经济学奖得主简·丁伯根的看法，对每个政策目标，至少得有一种政策工具

（丁伯根法则）。[21] 这意味着从经济角度看，让政策工具过多地承担多个目标是不可取的。

四、设计选择

在本章中，这一节介绍排放权交易体系的设计者可以加以选择的设计选项。本节介绍了可以用来设计排放权交易体系的一些变量，并根据具体的政策目标对其进行调整。当然，可以想到的设计选项是无限的。这里提供的是最重要的设计建造模块的整体概览。这使排放权交易体系的设计者在处理相关文献时在头脑中能提出正确的问题，最终设计出符合他们需要的排放权交易体系。

下面要讨论的问题包括：（1）参与和覆盖范围；（2）目标设定；（3）总量与交易、信用交易和强度目标；（4）监测、报告与核证；（5）能源密集型和贸易竞争性产业；（6）分配规则；（7）关闭和转让规则，以及事后调整；（8）连接；（9）灵活性措施；（10）二级市场。

（一）参与和覆盖范围

排放权交易体系可以自愿参与，也可以强制参与。自愿计划会吸引那些从排放权交易体系中获益的企业。这里会有一种选择偏见，因为只有那些减排成本较低的企业会参与。但是，排放权交易体系能产生有成本效率的减排，恰是由于减排成本的差异。同样，如果参加一个自愿体系的都是减排潜力较低的"绿色"企业的话，自愿体系的环境效能也会被削弱。[22] 为吸引更大范围的企业参与，可以对排放权交易体系覆盖范围之外的企业适用相关措施（如碳税）。交易体系所覆盖的企业可以免于适用这些措施。[23]

强制体系看起来比自愿体系更有效率的另一个原因，是大量的参与者会产生更多的市场流动性，并因此降低减排成本。[24]

---

[21] 参见 Knudson（2009）。
[22] 参见 Zwingmann（2007），第 98 页。
[23] 瑞士排放权交易体系就是这种情况。
[24] 但是人们发现，当额外增加企业所产生的交易成本超过排放权交易体系所获得的收益时，增加排放权交易体系覆盖范围也就达到了其自然极限。参见 OECD（1999），第 21 页。

加入和退出规则要有一定的灵活性，允许企业在追求相同目标的不同政策工具之间进行选择。这样的排放权交易体系设计属性是有效率的，因为政策制定者可能缺少特定排放者的减排成本的信息。这会导致有些企业离开排放权交易体系，而另外一些企业则加入进来。这会降低通过排放权交易体系所能实现减排成本，提高对排放权交易体系的政治接受度。但是这种情况下加入和退出规则的管理成本，要比规则没有灵活性时更高。例如，在瑞士，拥有 20 兆瓦制热量的企业要参加瑞士排放权交易体系。制热量在 10 兆瓦到 20 兆瓦的企业可以选择加入排放权交易体系，并因此免于缴纳瑞士的碳税。有些加入的企业也可以选择退出瑞士排放权交易体系：如果企业的制热量超过了 20 兆瓦的阈值但过去连续三年排放的 CO_2 低于 25,000 吨。这样的企业要交碳税。有了这些措施，立法者就可以给达到阈值的企业以一定的灵活性，选择对企业自身最有利的制度。

与谁应当被纳入排放权交易体系这个问题密切相关的，是哪些排放应当被纳入的问题。其重要性不仅在于决定了排放权交易体系所覆盖的排放类型(是《京都议定书》的所有六种温室气体，还是只包括其中一部分?)，还决定了排放权交易体系是仅针对(燃料)投入排放还是也包括过程排放。覆盖两种类型的排放能使外部性更为准确地内部化，但会产生更高的监测成本。政策设计者需要在囊括过程排放从而有更多的减排可能性的好处与更高的管理成本和运作成本之间进行权衡。

尽管排放权交易体系主要覆盖企业，但人们普遍认为，家庭和个人也推动了全球变暖。有环境意识的公民逐渐觉醒，通过偿付如由他们自己的旅行活动所产生的碳成本，力图减少他们个人的"碳足迹"。公民可以方便地在线计算他们上次假日旅行的碳排放，然后通过购买所需数量的排放配额来支付与此有关的碳成本。如果排放权交易体系的设计者对此类活动持赞同态度，他们可能会把交易计划扩展到排放权交易体系未覆盖的实体。

排放权交易一般适用于大型排放者，如电力公司和钢铁厂，但是从原则上来说也可以适用于小型排放者。对于大型排放者而言，相较于为排放权交易体系建立和运作所承担的管理成本，从排放权交易中获得较高的成本节约最有可能。小型排放者，如医院或大学，相较于为排放权交易体系建立和运作所承担的管理成本，可能只有很小的收益。因此，在得自排放权交易的效率和将小型排放者也纳入交易体系所产生的管理成本之间，必须进行很审慎的权衡。

排放权交易体系也可以扩展到个人。尽管有一些研究，有几项法律建议,有一两个试验,但是世界任何地方尚无个人排放权交易体系。在气候变化的背景下,个人进行碳交易将意味着每个成年人都必须有一个额外的银行账户:碳银行账户。[25] 个人每年都收到一定限额的排放配额,他们可以自行管理这部分配额。当购买交易体系所覆盖的非气候友好型产品(如驾车者在加油站加油或家庭支付其年度燃气和电费账单)时,要把这些配额上缴。在像加油站这样的商场或专卖店可以使用碳"芯片和密码"卡。非气候友好型的活动也会减少配额的量,但如果个人搬到小的、隔热更好的公寓,购买"清洁"汽车或能效更高的热水器,他不仅可以节约能源,还可以节省配额。如果这种气候友好型行为足够坚定持久,他可以省下配额到碳市场上去出售。如果个人想有更多的排放配额,也可以相反:例如,如果他买了第二辆车或者搬到更大的房子里住,他需要额外购买配额以涵盖增加的排放。这是有效率的,因为刺激了气候友好型的行为;也是公平的,因为相对较大的排放者付钱更多,相对较小的排放者付钱更少。

这个想法听起来很有吸引力,也很有前景;但不幸的是,在设计和执行方面,这个想法有很多问题。部分问题会在下面论述。有些问题和排放权交易体系的运作有关,其他则与分配选择有关。每个成年人都应该获得相等数量的配额吗?如果家里有小孩,成年人应该获得更多配额吗?住在农村地区的人,如果通勤时间很长,应该获得更多配额吗?旅游观光者怎么分配?个人可以在他们自己的电脑上操作碳银行账户吗?人们是否会想到要买进、卖出或储存配额,特别是由于碳价本身是不确定的而非固定的?是否要对配额价格设置上限(会提高接受程度,但会降低效率)?政府是否应该监测每个人的排放,或者是否可以有某种"巧妙"的设计来降低相关的管理成本?对于那些不遵守排放限制的人来说,罚款应该定到多高?在处理碳债务人方面,法律体系是否有效率?

对于正在考虑个人排放权交易体系的设计者来说,上面提出的问题值得深思。[26] 我们想强调的是,这些问题中有几个是可以解决的。管理成本可以通过以下几种方式降低:(i)基于每个成年人在基准年的平均燃料消费,"向下游"免费分配配额;(ii)对驾车者使用芯片卡技术;(iii)集中对上游的化石燃料的生产商和进口商进行监督与执法。[27]

52

---

[25] Woerdman 和 Bolderdijk(2010)。

[26] 亦参见 Fawcett 和 Parag(2010);Starkey(2012)。

[27] Woerdman 和 Bolderdijk(2010)。

首先,尽管会受到那些排放高于平均水平的个人在政治上的反对,但一种简单、统一的配额分配规则会降低管理成本。其次,尽管芯片卡的成本并不是很高,但毕竟需要制造和分发。最后,不必监测每个人的排放。对于从经销商那里购买化石燃料的个人而言,需要上缴相应数量的排放配额。反过来,经销商只能用配额作为交换从供货商那里获得燃料。通过这种方法,所有的配额最后都会到燃料生产商和进口商手里,它们所销售的化石燃料中含有碳,它们必须把配额上缴给环境管理当局。因此,配额的分配是向下游进行的,在个人这个层级上发放,但是(通过燃料销售)监测排放和检查其是否与配额匹配在上游、在生产商和进口商的层级上进行,而生产商和进口商的数量通常是有限的。

可以说,在公民和政治家对大型排放者的排放权交易已经谙熟的国家里,个人碳交易是最容易推行的。有排放权交易体系的欧盟国家就是一个例子。但是,也正是在这些国家,存在可能是推行个人碳交易的最大问题:重复计算(double counting)。由于电力公司把很大一部分碳价转嫁给消费者,因此人们在付电费账单的时候已经为碳排放付过钱。如果把个人碳交易体系强加给能源消费者,他们就得为同一排放付两次钱。这可能使个人碳交易体系对消费者和政治家来说都难以接受。

个人碳交易的好处之一,是给个人排放设定上限。与现有的政策相比,个人因此有了更为直接和直观的减排动因。这些效能和效率属性很可能对能源节约行为产生积极影响。研究表明,通过政策工具选择和制度设计,法律能改变"环境观念"。[28] 但是,个人碳交易也有不足,包括排放的重复计算,配额价格的不确定,以及人们认为的、每种具体配额分配规则的不公平之处。此外,在限制个人消费的时候,也需要考虑法律上的后果。[29]

无论如何,需要指出,存在另外一种设计变型,能够在排放权交易体系中赋予个人比我们前面所述更为重要的地位。[30] 另外还有一个选项,能扩展排放权交易体系的范围,但会增加其复杂性,那就是在个人的交易体系中引入抵消。这会有助于人们改变食品购买习惯,刺激绿色能源生产,防止滥伐森林。[31]

依赖上面这篇文献,我们饶有兴趣地观察到,个人碳交易谨慎地、缓慢

---

[28] Feldman 和 Perez(2009)。
[29] De Cendra de Larragán(2013),第 35 页。
[30] 参见如 Fawcett 和 Parag(2010);Starkey(2012)。
[31] Roy 和 Woerdman(2012)。

地步入政策舞台。例如,在英国,下议院的环境审计委员会已经对个人排放权交易体系进行过研究,支持个人排放权交易体系,但在其可接受性方面得出了消极的结论。但是在澳大利亚,可接受性不太成问题。澳大利亚诺福克岛有大约2500名居民。有关部门在这里进行了一场成熟的、为期三年的试验,尝试用交易体系来减少个人排放。[32] 尽管从探索让消费者根据交易体系来行事的角度来看,应该欢迎这种谨慎的尝试,但从政策角度看,在接下来的几年中,成熟的个人碳交易体系尚不可能出现。

(二)目标设定

设定排放权交易体系的目标不是件小事,尤其是当设定目标是在充满重大不确定性的环境中进行的。政策制定者可以设定允许排放的绝对数值,或每单位产品的相对目标。他们还可以决定每单位 GDP 的相对排放目标。目标的性质会对设计选择有很大影响。对于只控制排放权配额数量的设计来说,下面会介绍总量与交易体系。对于要保证相对目标的设计来说,我们会考察信用与交易体系。还有其他设计,适于达到既需要控制价格又需要控制配额数量的双重目标。[33]

排放权交易体系的设计者应当知道,"罗马不是一天建成的"。必须理解,在很短的时间内要求强力减排的严厉的排放权交易体系,不会是有效率的。排放权交易体系能产生具有成本效率的减排,但是从跨期的角度看是缺乏效率的。例如,当排放权交易体系所覆盖的排放者被强制要求投资于现在可以获得的技术、不给时间让它们发展价格更为低廉的、更有效率的减排技术,就是这种情况。有限的资源可能花在了缺乏效率的技术上,并且创造出我们不希望有的路径依赖。[34] 为减轻这种风险,也为了限制整体经济因此产生的适应成本,随着时间推移,逐渐提高减排目标的严厉程度,是一种有益的做法。在欧盟和瑞士的交易体系中,均可观察到上述洞见。这两个交易体系都使用每年 1.74% 的减额系数。这意味着每年的配额按照这个数量线性递减。

54

---

[32]　参见 http://www. norfolkislandcarbonhealthevaluation. com(2013 年 5 月 25 日最后访问)。

[33]　关于此问题,参见 Weishaar 和 Tiche(2013)。

[34]　参见 Zwingmann(2008),第 108 页。

随着时间的推移,设计者可以选择各种方法增加减排。设计者可以以线性方式(或者以指数方式,或者以步进式的方式)减少配额的数量。他们也可以选择影响配额的市场价格,为配额的有效性设定时限,[35]或者让配额的名义价值随着时间推移逐渐降低。在排放权交易体系中,创造更多的稀缺性是可取的。如果用的是相对目标,排放权交易体系的设计者还可以另外设定未来生产标准的水平,使产业界了解规制框架的形成,并刺激投资。排放权交易体系所覆盖的企业必须知晓体系的未来发展,以便将其体现在投资决策中。对于引发排放权交易体系所覆盖企业的行为动机而言,可预测性和可信度非常关键。

55

(三)总量与交易、信用与交易和强度目标

排放权交易体系设计者要做出的最重要的决策之一,就是决定交易体系是基于总量与交易体系,还是基于信用与交易体系。这通常被认为是使用最广泛的两种排放权交易变型。总量与交易体系确定了体系中所能排放的配额的最大量。与此形成对照的是,信用与交易体系没有排放总量。在信用与交易体系中,排放权是按照政府制定的生产标准,在"超额达标"(over-compliance)或"未达标"(under-compliance)的基础上决定的。中国使用的是单位 GDP(而不是单位产品)排放强度标准,所以可能需要增加"强度交易"作为第三种变型。下文对这三种变型都会做简要介绍。

总量与交易

总量与交易体系,是指政府向排放权交易体系覆盖主体提供的排放配额总量有数量限制的排放权交易体系。这个数量限制称为总量(cap)。在这种体系中,有政府设定的最大排放上限,但是这种体系常常允许向体系内额外进口配额(称为"抵消",会在下面讨论)。这种交易体系所覆盖的每个参与企业必须在每一期(通常为一年)结束时缴还足够的温室气体配额,完成排放履约。

信用与交易

在信用与交易体系中,排放主体可以自由生产,但是必须把每单位产出的排放水平和政府规定的水平进行比较。在文献中,信用与交易体系也被

---

[35] 排放权交易配额可以在一个或几个交易期内有效。

称作绩效标准率(performance standard rate, PSR)体系。排放主体需要为超过标准的每一吨排放负责,如果不能从排放权交易体系中购买配额或使用过去或未来的储备的话,需要支付罚款。

将 PSR 交易体系与普通的基于相对标准的分配体系进一步区分开来的一个重要属性,是排放配额不是由政府创设并分配给排放主体的。立法强制排放主体达到特定的排放目标,要求他们由第三方核证并向政府报告。尽管政府在监测法律的遵守情况方面发挥着积极作用,但政府不作为主体参与交易。政府采用的是一种自由放任的方法,把职能限定在创设规则、让排放主体遵守规则上。在这个意义上,PSR 体系是由私人主体来运作的。私人主体能把他们经核证的减排量通过具有成本效率的交易体系卖给其他的市场参与者。㊱

有人认为信用与交易体系的交易成本较高,因为这种体系要求产生的每一单位信用都由监管当局批准。㊲ 与不同的分配机制有关的不同交易成本的经济影响在于通过减少共同获益的交易的可能范围来限制分配效率的程度。㊳ 因此 PSR 体系的设计必须要通过明确界定易于由(可能的)集中化的权威部门测量、报告与核证的标准来使交易成本最小化。

强度标准/目标

在中国“十二五”规划(2011~2015 年)中,国家制定了多个目标:(i)单位 GDP 能源消耗降低 16%;(ii)非化石能源占一次能源消费比重达到 11.4%;(iii)到 2015 年,单位 GDP 二氧化碳排放比 2005 年低 17%。㊴ 所有这些目标都与 GDP 有关,而不是与温室气体排放有关。这意味着基于这项五年规划的排放权交易试点的目标只涉及与 GDP 有关的温室气体。因此基于这种强度目标的排放权交易体系需要同时考虑两个变量。例如,如果金融部门景气,则产业可以有更多的排放。如果由于金融危机导致 GDP 下降,但如果实体经济(经济中实际生产产品和服务的部分)不受影响的话,产业部门仍然需要减排。这也意味着,当确定强度目标时,需要关于整体经济和排放权交易体系所覆盖的产业的大量信息。

如果在 2015 年之后很短的时间内,中国经济增长低于预期,那么只有被覆盖的排放实体迅速加大减排力度,才可以完成整体的强度目标。这就

㊱ 本节引自欧盟委员会(European Commission)(2003),第 13 页。

㊲ Tietenberg、Grubb、Michaelowa、Swift 和 Zhang(1999),第 26 页、第 34 页和第 107 页。

㊳ 参见 Harrison 和 Radov(2002),第 52 页。

㊴ 参见 Sandbag(2012),第 12 页;国家发改委(NDRC)(2012)。

57 要求排放权交易体系的设计者能设置强有力的行为诱因,引导市场参与者。从理论上讲,这些诱因要对配额价格和配额数量都能发生影响。尽管这样的强度目标使在经济景气时期交易体系覆盖的排放设施仍能增长,但对被覆盖的企业来说成本可能会很高,因为企业无法预测其投资风险。由于排放权交易市场未能预期到剧烈变动,原本能获利的投资会变得过时,产生类似于"搁浅成本"的成本。[40] 此外,强度目标对排放实体的减排要求可能意想不到而且来势汹汹,因此要求排放实体在已有的技术上大举投资,无法开发出更有效率,从而更为低廉的减排方法。

(四)测量、报告与核证

测量、报告与核证(MRV)是排放权交易体系的核心。运作良好的排放权交易体系需要准确的数据,因此值得给予 MRV 更多关注。与此有关的管理成本取决于排放权交易体系所覆盖的排放设施和排放过程的数量、规模与复杂性。排放权交易体系的设计者因此必须在两者之间做出权衡:一方面是精准测量额外排放并且较低的减排成本,另一方面是较高的管理成本。当然,此类规则的设计取决于排放权交易体系所覆盖的排放设施的类型,很难泛泛而论。本书第七章会讨论 MRV 的关键问题。

(五)能源密集型和贸易竞争型产业

对于直接因二氧化碳价格产生的生产成本或由能源价格上涨间接产生的成本,能源密集型和贸易竞争型(EITE)企业被认为是易受影响,非常脆弱的。因此毫不意外的是,大部分(如果不是全部)排放权交易体系都有专门的规则,以减轻受影响企业所受到的冲击。频繁选用的政策措施包括补贴、免费分配排放配额和价格支持计划(如当配额价格超过某一阈值水平时出售额外的排放配额)。虽然排放权交易的政治可接受性通常取决于那

---

[40] 由于引入环境规制导致已经的投资无利可图,这通常被称为"搁浅成本"。

些受到不利影响的部门的支持,但值得一提的是,碳泄漏经常被过高估计了。[41] 如果两个国家都支持它们的水泥行业,结果会是任何一个国家的水泥行业都不比另一个国家更有竞争力。[42] 在这个意义上,支持计划本身是彼此抵消的。如果一个国家引入了支持计划,其他国家也会同样做,人们普遍担忧这会成为贸易保护措施。如果最初没有支持计划的话,两个国家的情况都会得到改善——至少是如果他们的主要贸易伙伴也采取类似措施将环境成本内部化时如此。

为能源密集型和贸易竞争型产业建立支持计划还意味着排放权交易体系所覆盖的其他部门需要做更多减排。如果对于能源密集型和贸易竞争型产业的支持刺激了生产增长,并因此扭曲了边际减排成本,其他部门尤其要做更多减排。如果有国家减排目标的话,那么可能甚至是未被排放权交易体系所覆盖的部门(一般推定其减排成本较高),也需要对温室气体减排做更多贡献。就边际减排成本的差异而言,这种做法是缺乏效率的。

(六)分配规则

要把排放配额拿到市场上,就需要有分配规则。因此分配规则解决的是市场参与者之间的配额初始分配问题,而不解决排放权交易市场(也就是二级市场)的问题。有数种设计选项可供政策制定者选用。[43] 例如,拍卖和其他的收费分配制度,需要市场参与者为排放配额付费。两者之间的差别在于,拍卖允许市场参与者根据拍卖规则决定他们愿意支付的价格,而其他收费的行政分配机制允许排放权交易体系的设计者在价格决定和最终分配方面有更大的自由裁量权。与前两种机制形成对照的是,免费分配机制不需要为配额付费。交易体系的设计者可以以历史排放数据为基础做出分配决策(称"祖父法"),或以相对生产标准,或其他管理标准为基础做出排放决策。与配额直接分配给各排放者形成对照的是,按照相对标准进行分 59 配直接取决于生产的排放强度。遵守既定排放标准的排放者获得生产的权

---

④① 参见 Mattoo, Subramanian, van de Mensbrugghe 和 He (2009); Heilmayr 和 Bradbury (2011)。

④② 但是,这两个国家的水泥行业可能对没有这样的支持计划的第三国的水泥行业更有竞争力。

④③ 关于分配机制在静态背景和动态背景下的分类,参见 Weishaar(2007a)。

利,并且如果他们超额达标的话,还可以获得碳信用,在市场上出售。

不同的分配机制会给排放者以不同的行为诱因。不同的设计可能性也会给企业的竞争地位造成影响。[44] 不同的配额分配产生不同的分配结果,自然会影响对排放权交易体系的政治支持。

(七)关闭规则、转移规则、事后调整

在排放权配额分配的规则设计的背景下,必须创制专门规则解决排放设施停产关闭、降低产量或将其生产转移到更有效率的设施上的问题。关闭规则解决对于企业关闭在环境方面缺乏效率的生产设施是否有适当的行为诱因的问题。转移规则解决对于企业把生产转移到在环境方面更有效率的设施是否有适当的行为诱因的问题。

从经济角度看,很显然,诱使企业通过最有效率的设施进行生产是可取的。与此类似,从环境角度看,生产应在最有环境效率的设施中进行。困境在于生产设施的关闭规则和生产转移规则可能会创造出诱因,让企业继续使用在环境方面缺乏效率的设备。当决定关闭某一生产设施并将生产转移至更有效率的设施时,企业家会把所有成本都考虑进来。效率较低的设施会被关闭。然而,如果关闭这个效率较低的设施后企业家不能再用这个设施获得免费配额的话,在决定是完全关闭还是部分关闭该设施的时候,他会把排放配额的价值考虑进来。不给停止生产的设施发放配额的做法产生了让这些设施保持开工状态的动因。这是缺乏效率的。在 EU ETS 的框架中就有这样缺乏效率的诱因。在 EU ETS 中,在设施关闭后的那年,就不再分配配额了。在第五章会进一步讨论这个问题。

60

在考虑关闭和转移规则的时候,还会出现扭曲竞争的问题。如果不同地区间或不同排放权交易体间的具体转移规则不同,某企业可以关闭其在 A 国的设施(根据 A 国关闭规则)持续在 A 国获得配额,然后在 B 国再开一家生产车间,并根据 B 国新进入者规则获得配额分配。在这种情况下,这个生产设施的运营商获得了比竞争对手更多的配额,这会扭曲竞争。

关于关闭和转移规则的讨论通常是在"事后调整"的框架内进行的。"事后调整"是在对排放权交易体系开始运作以后对分配规则的调适。不

---

[44] 关于对竞争的影响的评论,参见 Weishaar(2009)。

能从政治角度认为事后调整规则削弱了排放权交易体系的可预测性。人们可能想知道,关闭和转移规则对整体市场流动性的影响很大吗?就事后调整规则而言,排放权交易体系的设计者应该考虑的一个因素是"经济低迷"。排放权交易体系可以发挥自动稳定器的作用,在排放权交易体系所覆盖的排放主体面临经济困难和排放配额的价格下降时,减轻这些排放主体的压力。配额价格低会影响研发投资。第五章会在 EU ETS 配额过度供给的背景下进一步讨论这个问题。

(八)连接

将排放权交易体系连接起来,可以使一个交易体系中的市场参与者能获得其他交易体系发放的排放权,用于完成国内履约义务。[45] 将排放权交易体系连接起来,预期可以有范围更大的减排机会和更大的市场规模,这会增进流动性,使资源配置更有效率。[46] 由于在本书第九章中有对连接更为详尽的讨论,这里就不展开论述了。但是,对于排放权交易体系的设计者而言,为了防止以后本交易体系的适应成本过高,在设计自己的体系的时候考虑连接问题,是非常重要的。 ₆₁

(九)灵活性措施

排放权交易的设计者可以决定在履约问题上给所覆盖的实体一定的灵活性。这可以通过储存和预借排放配额,采用跨期灵活性的方式,或者通过允许国外的减排机会采用地域灵活性的方式。这可以通过允许排放权交易体系覆盖的实体使用外国排放权配额履行其国内温室气体排放义务的方式来实现,这也叫作"抵消"。人们认为给予这样的灵活性可以提高效率,因为这使交易体系所覆盖的实体利用了其他地方较低的减排成本。这里,首先讨论储存和预借,然后讨论抵消。

---

[45] Haites(2003).

[46] Baron 和 Philibert(2005)。

储存与预借

原则上，排放权在每个年份发放，当年有效。储存和预借的规定对这个原则构成限制。一方面，"预借"允许排放权交易体系所覆盖的实体将未来履约年份的配额用于当前的履约期；另一方面，"储存"是排放权交易体系所覆盖的实体能将以前年份的配额用于未来的履约年份或时期。

预借和储存背后的经济理念在于为被规制的排放主体提供跨期的灵活性，使它们能将减排活动分散在不同时期，降低履约成本。因为排放配额的供给在纯粹的总量与贸易体系中是缺乏弹性的，供给曲线随时间推移进行调整的能力取决于把减排分散在不同时期的能力。[47]

费尔等人[48]把储存和预借的动机分为结构性动机和与不确定性有关的动机。储存和预借的结构性动机指相关实体需要通过对减排进行跨期重新分配来降低履约成本。如果允许储存和预借，相关实体会重新跨期分配其减排，在成本最低的时候进行减排。与不确定性动机有关的储存和预借的动机指相关实体需要通过跨期重新分配减排来降低风险。排放者面临各种各样的不确定性，例如：(i)现在或未来的减排成本；(ii)未来气候政策的严厉程度；(iii)低碳技术的发展；(iv)将排放权交易体系整合为一个全球碳市场的可能性。储存和预借使得相关主体能更好地管理这些不确定性。

储存和预借的要求越有灵活性，排放权交易体系就越可能具有成本效率。一般而言，储存和预借不影响交易体系的环境完整性。但是，对于像二氧化硫这样的污染物排放而言，未必如此。对于这样的污染物排放来说，一定时期内环境退化的数量取决于一定时期内的排放量。[49]即便是像二氧化碳这样的存量污染排放，无限制的跨期灵活性并非没有危险。具体来说，无限制的预借有几个缺点：第一，无限制的预借会诱使企业从未来履约期借用配额，然后在这些错期(time-shifted)配额到期之前离开市场，由此产生"道德风险"。第二，与此有关的问题(指"逆向选择")是在财务上发生困难的企业比有支付能力的企业更倾向于预借配额。第三，从未来履约期预借配额的相关主体对于降低未来的减排目标有兴趣。考虑到这些政治和经济上的挑战，大多数目前在运作中的排放权交易体系对预借的运用做出了限制。

---

[47] Frankhouser 和 Hepburn(2010)。

[48] Fell、Moore 和 Morgenstern(2011)。

[49] 关于存量污染物和流量污染物的区别参见 Lieb(2004)。流量污染物对目前环境造成影响，存量污染物经时间累积后在将来对环境造成损害。

在许多排放权交易体系中,允许在不同交易期之间无限制的储存。例如:

- EU ETS(除了不能把第一阶段的配额储存到第二阶段);
- 澳大利亚碳定价机制(CPM)(除了固定价格期的配额不许储存);
- 新西兰;
- 美国的区域温室气体倡议(RGGI)。

在上述所有的排放权交易体系中,除澳大利亚外,都禁止预借配额。澳大利亚也仅允许相关实体从未来履约期预借最多 5% 的配额完成清缴义务。

此外,非常重要的一点是,因为配额分配时间和前一年度排放履约时间的差异,预借在 EU ETS 中实际上是有可能的。由于配额分配在相关主体清缴配额以涵盖其前一年度排放的前两个月进行,因此在任何履约期(除了每个交易阶段的最后一年),相关实体都有两年份的欧盟排放配额。这使得它们可以"预借"当年的配额履行其前一年度的履约义务。但是,交易阶段之间的借用(从未来阶段借用)是不可能的。

抵消

碳抵消指某一排放权交易体系为履约之目的接受国际排放配额。这些来自国外的配额为相关实体提供了低廉的减排成本,帮助其降低因对国内经济进行环境规制而产生的成本负担。尽管抵消有这些具有吸引力的属性,但是抵消也有严重的缺陷。人们批评有些抵消并没有带来真正的减排。接受这种"低质量"的抵消会削弱排放权交易体系的环境效能。另一个缺陷是,如果允许抵消的话,交易体系的运营者将无法完全控制配额的供给。不仅市场供给——用于履约的减排配额量——更难决定,而且市场价格也更难决定。抵消一般都比国内减排便宜,可能会导致配额价格低于预期。这固然有吸引力,但如果希望通过市场价格刺激技术创新的话,就不合适了。

有各种抵消可以提供给相关实体。这里我们描述最为主要的类型。

- 清除单位(RMUs)是通过改进的国家碳汇绩效产生的配额,由《京都议定书》附件一缔约方为土地使用、土地使用变化及林业活动所吸收的碳而签发。
- 减排单位(ERUs)来自在工业化国家执行的联合履约(JI)项目。
- 核证减排量(CERs)来自发展中国家的清洁发展机制(CDM)项目。
- 临时核证减排量(tCER)和长期核证减排量(lCER)来自造林和重新造林的 CDM 项目。临时核证减排量在下一个承诺期期末失效,但是如果能证明二氧化碳捕集的话，可以续期。与此形成对照的是，长期核证减排量只在项目本身结束的时候失效。

除了上面提到的这些抵消，排放权交易体系的设计者还可以使用分配数量单位（AAUs）。AAUs 是在某一承诺期分配给《京都议定书》附件一成员的配额。

（十）二级市场

对于允许排放配额之间具有成本效率的交易而言，二级市场非常重要。买卖配额的交易成本越低，减排成本越低，排放权交易体系带来的成本节约就越高。为双边交易寻找贸易伙伴涉及高昂的寻找成本。如果允许使用经纪人来促进交易的话，就会有效率得多。与此类似，可以使用交易所使交易更具有成本效率。当设计二级市场的时候，必须对市场监管、防止欺诈和（网络空间）犯罪、洗钱、市场操纵和市场滥用等给予适当关注。第六章讨论这些与二级市场有关的敏感问题，因此在此不再详述。

五、结论

本章讨论了排放权交易体系的若干设计变型。本章刻意没有选择按照学术分类主线来阐述有关内容。本章采用了一种更为实用的方法，着眼于排放权交易体系运作于其中的更广的框架，讨论了政策目标和设计者所能使用的构建排放权交易体系的建造模块。这种方法看起来更有用。通过这种方式，排放权交易体系的设计者对相关问题能有更好的理解，使他们在研读学术文献时脑海中能想着正确的问题。我们希望就应该问什么问题提出更好的想法，就怎样做权衡提出更好的想法，而不是给设计者们提供清晰明了的答案。

因此，本章所提供的见解并不适于提出"完美"的排放权交易体系，而是要培养这样一种看法：只有让排放权交易体系完成其应当去完成的政策目标、顺乎其本来属性，排放权交易体系才是"完美"的。因此不存在那种65 "一码通用"的体系，无法通过法律移植，通过拷贝和粘贴国外或其他环境领域已经存在的设计获得。

尽管我们理解政策制定者想同时达到不同的目标,我们希望强调的是,让一个体系担负过多目标是不可取的。整合更多政策目标会使排放权交易体系更为复杂,并可能因此对其效率与绩效产生负面影响。　　　　66

第四章　排放权交易体系的实际应用

一、导论

本章提供了目前正在运作中的排放权交易体系的概览。尽管排放权交易有不完美之处,也遭到了一些批评,但排放权交易在全球范围内正快速增加。本章将简述重要的排放权交易体系。

读者务必注意,下面要讨论的排放权交易体系在规模、覆盖范围和设计方面差别很大。有些排放权交易体系,如欧盟排放权交易体系(EU ETS)是超国家的;有些排放权交易体系,如美国的区域温室气体倡议(RGGI)和西部气候倡议(WCI),则是亚国家的。① 而其他排放权交易体系则是国家级或省级的(如澳大利亚的排放权交易体系和中国广东的排放权交易体系),或者限制在城市或都市区的范围内(如日本东京和中国上海的排放权交易体系)。除了其各自的规模和激进程度不同,其温室气体减排的潜力也不同。基于城市的排放权交易体系似乎是主要关注由燃料投入和能源消费所产生的二氧化碳排放,而大型的排放权交易体系亦关注生产过程中的排放。

首先讨论欧洲、北美和亚太地区的排放权交易体

---

① 区域温室气体倡议和西部气候倡议均在美国境内运作。

系,然后讨论亚洲的排放权交易体系。诸如政策目标、开始时间、履约时间、分配机制、覆盖范围、允许的配额和抵消的类型、支持计划/防止泄漏、不遵守的罚金、配额的储存与预借,以及连接等问题都会予以考察。由于本章篇幅简短,而要考察的排放权交易体系数量众多,因此无意面面俱到。我们的目标是对现行诸体系加以描述,说明不同区域选择的不同的排放权交易体系。

二、欧洲

(一)欧盟排放权交易体系

欧盟理事会[2]于 2009 年 4 月通过了《气候变化行动和可再生能源"一揽子"计划》,要在 2020 年之前达到温室气体(在 1990 年基础上)排放减少 20% 和可再生能源在总能源消费中的比例占 20%,以及实现欧洲 2020 战略的智慧增长、可持续增长与包容性增长的目标。[3]《气候变化行动和可再生能源"一揽子"计划》代表了一种多面向的方法,支持实现欧洲的战略目标,[4]支持成员国实现其各自的目标。2011 年的《能源效率计划》进一步细化了 2020 战略中的能效目标,[5]该计划提出相关方法,强化欧盟的努力,实现其在 2020 年提高能效 20% 的目标,使能源消费低于预测水平。能效涉及能源生产、转化、输送和消费。该计划旨在创设大量诱因,促进行为改变,刺激建筑革新、绿化公共采购规则、鼓励建筑改造,推进良好实践的传播,增加能源审计。目前欧盟排放权交易体系的总量在逐渐减少,以使到 2020 年时来自交易体系所覆盖部门的排放比 2005 年低 21%。欧盟还准备视国际行动的发展,将 2020 年的目标提高到比 1990 年低 30%。欧盟正在设想到 2050 年时将排放削减到比 1990 年低 80% ~ 95%。

在目前的智慧增长、可持续增长和包容性增长的 2020 目标之下,欧盟正在与减缓全球变暖有关的各个领域开展工作:减少平均每人的配额(能效),降低经济的排放强度(EU ETS),促进碳友好型能源生产(可再生能

---

② 参见欧盟理事会(2009)。

③ 参见 COM(2008)30 最终文件和 COM(2010)2020 最终文件。

④ 欧盟预计到 2020 年无法达到其提高各国能效 20% 的目标,欧盟委员会为此提出了额外措施:COM(2011)370 最终文件。

⑤ COM(2011)109 最终文件。

68 源）。尽管最初的想法是对造成气候变化的所有领域都进行处理，但毫无疑问，三个政策领域是相互影响的。可再生能源越多，意味着在 EU ETS 框架内生产的能源越少，反过来又会使排放配额的市场价格下降。这引发了"水床效应"：某一政策领域的进展导致另一政策领域的压力下降。与此类似，如果私人住宅所需的供热减少，能源需求就会下降，EU ETS 所覆盖的能源生产者对排放配额的需求也会下降。由于 EU ETS 设计成了一个总量与交易体系，这还意味着 EU ETS 所覆盖的其他部门将缺乏足够的动机投资减排技术。因此，工业部门额外增加的排放可能部分地超过了可再生能源与能效的减少。但是，这种相互作用不是单向的。由于较高的排放配额价格会刺激能效和可再生能源方面的投资，所以这种相互作用是双向的。

EU ETS 是一个为能源密集型排放设施的排放配额所建立的总量与交易体系，可以当之无愧地被称作欧盟气候变化政策的"拱心石"。EU ETS 包含欧盟 28 个成员国和挪威、列支敦士登、冰岛，覆盖了欧洲大约 45% 的温室气体排放。其法律框架建立于 2003 年，[6]要求拥有超过 11,000 个排放设施的 5000 多家企业参加这一多国规制体系，减少来自以下四个部门的二氧化碳排放：(i)能源（包括电力企业和炼油企业）；(ii)黑色金属（钢铁）；(iii)无机非金属材料（水泥、玻璃、石灰）；(iv)纸浆和造纸。[7] 后来增加了航空作为第五个部门。EU ETS 涵盖的气体包括二氧化碳、氧化亚氮和碳氟化物。[8] 热输入值在 20 兆瓦以上的设施应纳入 EU ETS。小型生产设施，如果排放少于 25,000 吨二氧化碳当量，且从事燃烧活动的话，热输入值低于 35 兆瓦，可以免于参加 EU ETS。[9]

EU ETS 分多个阶段推行。第一阶段从 2005 年到 2007 年。第二阶段从 2008 年到 2012 年，恰好与《京都议定书》第一承诺期重合。第三阶段从 2013 年到 2020 年，第四阶段则是从 2021 年到 2028 年。第一交易期（第一阶段），EU ETS 饱受配额过度供给之苦，配额价格大幅度下跌。EU ETS 从 2005 年初强行启动时，配额价格上涨，到 2005 年 7 月时超过了每吨 27 欧元 元。后来价格下降，但尚未动摇市场的信心。尽管价格波动比先前更甚，但到 2006 年 4 月时涨到了每吨 30 欧元以上。2006 年 5 月，几个国家未事先

69

⑥　指令 2003/87/EC。
⑦　同上，附件 I。
⑧　在指令 2003/87/EC 基础上，修改的附件 II。
⑨　指令 2009/29/EC，第 27 条。

通知就提前发布了 2005 年的核证排放数据,比期望的实际排放水平要低,结果导致了欧盟排放配额(EUA)价格的剧烈下跌。后来价格再度上扬,徘徊在每吨 15 欧元左右,但在 2006 年 10 月之后跌到了每吨 0.10 欧元。

第二交易期(第二阶段)最初的运行似乎比以前平稳。但是,由于经济衰退,再度发生了配额过度供给。第一阶段和第二阶段的配额分配严重偏向免费分配(祖父法,分别占配额总量的 95% 和 90%),只少量使用拍卖。

在 EU ETS 第二交易期,成员国既承担《京都议定书》下的义务,又承担《欧盟负担分配协议》(EU Burden Sharing Agreement)下的义务。从 2013 年起,适用《减排分担协议》(Effort Sharing Decision)。这意味着成员国有义务制定国家政策(和相关的监管措施)解决 EU ETS 未覆盖的温室气体排放源的问题。[10]

第三交易期的重要特点,是免费配额分配和配额拍卖之间更好的协调融合。免费分配以事前确定的基准线为基础,适用以下公式:

基准线×历史活动水平×碳泄漏风险因子×跨部门调整因子或线性因子

基准线是 2007~2008 年本行业前 10% 最有效率的设施的排放标准。[11]这个基准线直到现在交易期结束前一直有效。历史活动的水平有两种计算方法:或者取 2005~2008 年的排在中间的两个产值(这样就排除了这段时间的最高值和最低值)的平均值,或者取 2009~2010 年产值的平均值。最后取两者中较高者。对于能源密集型和贸易竞争型产业,碳泄漏风险系数定为 1,非能源密集型和贸易竞争型产业定为 0.8(电力部门的配额不免费分配)。后者将会随时间而下降,到 2020 年降到 0.3,此后的想法是至 2027 年降到 0。拍卖越来越多地作为主导的分配形式,从 2013 年的 20%(除电力部门以外的非能源密集型和贸易竞争型产业)增加到 2020 年的 70%,2027 年的目标是全部拍卖。[12]在航空部门,第三阶段拍卖会限制在 15%。对电力部门而言,除了东欧的欧盟成员国外,拍卖是默认的分配

70

---

⑩　欧洲议会和欧盟理事会 2009 年 4 月 23 日 406/2009/EC 号《关于成员国减少温室气体排放以达到共同体 2020 年前减排承诺的决议》,第 136~28 页。《减排分担协议》覆盖了《京都议定书》全部六种气体。

⑪　指令 2009/29/EC,第 10a(2)条。

⑫　同上,第 10a(11)条。

方式。[13] 总配额的 88% 会通过拍卖分配给成员国,[14]10% 会为了"团结"和增长的目的在欧盟内部分配。[15] 剩下的 2% 会分配给那些在 2005 年时其排放低于《京都议定书》基年排放至少 20% 的成员国。[16] 50% 的拍卖收入应(而不是将)用于减缓排放和适应措施。[17]

EU ETS 所覆盖的排放实体有义务在每个日历年度测量和报告排放,并且由经认证的机构对其排放进行核证。下一年 4 月 30 日之前必须上缴排放配额,覆盖其全部排放。如未能做到及时足额上缴,每吨二氧化碳排放罚款 100 欧元,并须缴足缺失的配额。

碳泄漏风险较大的部门和亚部门可以获得 100% 的免费配额。[18] 如果达成了国际协议的话,可以对这一措施重新进行审查。[19] 为了达成减排并确保长期的规制确定性,第三交易期及之后排放配额的总体稀缺性是通过(目前)每年 1.74% 的线性递减因子来实现的。[20]

为了减少碳泄漏的威胁,欧盟委员会通过规则,允许成员国对有重大碳泄漏风险的能源密集型和贸易竞争型部门采用支持措施。[21] 适格的部门包括铝、铜、化肥、铁、造纸、棉花、化工和塑料部门。允许各成员国对 2013 ~ 2015 年就相关产业最优效率的公司所面临的适格成本增长给予最高达 85% 的补贴,2016 ~ 2018 年给予最高达 80% 的补贴,第三交易期最后两年给予最高达 75% 的补贴。

另一个减轻高昂的排放权交易成本负担的措施是使用抵消。EU ETS 中,既允许使用核证减排量(CERs),也允许使用减排单位(ERUs)。由于抵消的目的是补充性的,所以对抵消的使用有数量限制。这些限制在第二阶段在成员国层次上决定;2013 年以后在欧盟层次上决定。[22] 对于 EU ETS 已经覆盖的部门而言,允许使用的抵消信用总量不得超过 2008 ~ 2020 年间

71

---

[13] 同上,第 10a(3) 条。要注意有些成员国能确保其为本国支离破碎的电网获得补偿的权利,参见指令 2009/28/EC,第 10c(1) 条。

[14] Directive 2009/29EC,第 10(2)(a) 条。

[15] 同上,第 10(2)(b) 条。

[16] 同上,第 10(2)(c) 条。

[17] 同上,第 10(3) 条。

[18] 同上,第 10a(12) 条。

[19] 同上,第 10a(1) 条。

[20] 同上,第 9 条。本项措施会在 2025 年进行重新审查。由于目前配额的过度供给状况,有些政策制定者和学者呼吁要加大排放递减因子。

[21] 欧盟委员会通讯(2012)。

[22] 参见指令 2009/29/EC,第 11(a)8 条。

整个欧盟排放较 2005 年水平减少额的 50%；对于新进入 EU ETS 的部门和航空部门而言，不得超过其进入之日至 2020 年排放较 2005 年水平减少额的 50%。欧盟委员会最近提出了更为严厉的抵消使用规则。㉓

　　除了数量限制之外还有质量限制。不允许使用来自核设施和林业项目（LULUCF）的抵消。除非满足特定的要求，否则来自大型水电项目的抵消也不被接受。㉔ 从 2013 年 1 月 1 日起，不再允许使用来自三氟甲烷项目和与己二酸生产有关的氧化亚氮的抵消（适用特定的过渡规则）。㉕

　　在第二交易期，为遵约目的使用抵消的数量大幅度增长。㉖ 新的数量限制意味着相当于 2010 年使用的 80% 的抵消量无法继续使用。第二阶段大量使用抵消在很大程度上导致了配额过度供给，削弱了欧盟的排放配额价格。

　　考虑到第二阶段和第三阶段之间配额储存的可能性，因此尽管在 2020年后过度供给的程度仍然很高，但 EUA 的价格仍然为正值，而不是趋近于零。由于欧洲议会拒绝澄清指令 2003/87/EC 中关于拍卖温室气体配额的时间选择的决议，㉗委员会关于把 9 亿吨配额的拍卖时间调整到 2019 年和2020 年的计划（也叫作"折量拍卖"）可能受阻。㉘ 立法进程的反复在 EUA市场价格的大幅度下跌上体现出来。在 2013 年 4 月的两天之内，价格从4.73 欧元跌到了 3.15 欧元。㉙ 但是，折量拍卖的提议并非不再予以讨论。已经宣布在 2013 年 7 月 19 日的欧洲议会委员会层面上对从 EU ETS 中减少 9 亿吨二氧化碳配额进行第二轮投票。在 2013 年 7 月，欧洲议会也会对此进行全体大会投票。*

72

㉓　欧盟委员会（2013）。

㉔　参见指令 2004/101/EC，第 11（b）条。

㉕　参见委员会条例（EU）No.550/2011。

㉖　在 2008 年，为遵约目的使用的抵消是 8200 万吨，而到了 2011 年为 25,200 万吨。参见Commission Staff Working Document（2012）。

㉗　2013 年 4 月 16 日欧洲议会通过了拒绝委员会建议 COM（2012）416 最终文件的动议，参见第 11 点，http://www.europarl.europa.eu/sides/getDoc.do? pubRef = - % 2f% 2fEP% 2f% 2fNONSGML% 2bPV% 2b20130416% 2bRES － VOT% 2bDOC% 2bPDF% 2bV0% 2f% 2fEN。

㉘　修改 No.1031/2010 欧盟条例的欧盟委员会条例草案。

㉙　2013 年 4 月 15 日 EUA 的价格时 4.73 欧元，4 月 16 日当欧洲议会拒绝了委员会的建议时，就跌到了 3.14 欧元。价格数据取自欧洲能源交易所：www.eex.com（2013 年 4 月 22 日最后访问）。

＊　2013 年 12 月 10 日，欧洲议会投票，同意进行 9 亿吨的折量拍卖。——译者注

(二)瑞士排放权交易体系

瑞士作为《气候变化框架公约》附件一国家加入《京都议定书》,承诺到 2012 年其温室气体排放比 1990 年水平低 8%。瑞士在《京都议定书》第二承诺期的目标是比 1990 年水平低 15.8%。瑞士的排放权交易体系基于其《二氧化碳法案》(CO₂ Gesetz),[30]可以追溯到 1999 年,近期进行了修改,使得瑞士排放权交易体系与 EU ETS 更加一致(这是两个排放权交易体系进行连接的重要一步)。到 2020 年,温室气体排放会比 1990 年水平低 20%。[31]

73

《二氧化碳法案》及其执行规则(《二氧化碳条例》)[32]均于 2012 年延期,并于 2013 年 1 月 1 日生效。这一法律变化使以前的瑞士排放权交易体系按照 EU ETS 的模式进行了校准。规模相对较小的瑞士排放权交易体系将能与 EU ETS 连接,从 EU ETS 更大的市场流动性和减排可能性中获益。瑞士排放权交易体系涵盖的温室气体包括二氧化碳、甲烷、氧化亚氮、氢氟烃、全氟化碳、六氟化硫和三氟化氮。[33]

瑞士排放权交易体系是一个总量与交易体系,覆盖了总制热量(*Gesamtfeuerungswaermeleistung*)在 20 兆瓦以上的设施。总制热量在 10 兆瓦到 20 兆瓦的设施可以选择加入交易体系。参加瑞士排放权交易体系的实体可以报销其已缴纳的二氧化碳税。想要加入交易体系的实体必须在 2013 年 6 月 1 日前声明;加入声明一经作出,不得撤回。超过 20 兆瓦阈值、但过去三年的排放量低于 25,000 吨二氧化碳的实体,可以声明退出,不必参加排放权交易体系。这些实体也必须在 2013 年 6 月 1 日前作出声明。

瑞士排放权交易体系的第三交易期从 2013 年到 2020 年,与 EU ETS 一样。每年的 4 月 30 日,排放主体必须上缴排放配额,覆盖其实际排放。不履约将被处以 125 瑞士法郎的罚款。和 EU ETS 一样,罚款并不免除违规者在下一遵约年度补交欠缴的排放额度的义务。

㉚ 《减少二氧化碳排放联邦法》641.71,自 2011 年 12 月 23 日(2013 年 1 月 1 日版本)。

㉛ 《二氧化碳法案》第 3 条。

㉜ 《减少二氧化碳排放条例》641.711,自 2012 年 12 月 30 日(2013 年 6 月 1 日版本)。

㉝ 参见《二氧化碳条例》第 1 条。

瑞士排放权交易体系设有总量。总量有一个每年1.74%的递减系数。和EU ETS相比,瑞士排放权交易体系是用基准线法免费分配配额以及用拍卖分配配额。基准线法和拍卖法与EU ETS中使用的方法类似。

实际的配额分配量由特定产品基准线乘以2005~2008年历史排放数据的中值,或2009~2010年的历史排放值确定。所得计算结果再乘以一个体现碳泄漏敏感程度的校正因子。对于那些碳泄漏风险较大的部门,例如能源密集型与贸易竞争型部门,这个校正因子为1,意味着所有的配额都免费分配。对于那些没有受到碳泄漏风险威胁的部门,校正因子会从2013年的0.8以线性方式下降到2020年的0.3。这些排放主体必须从其他主体那里购买排放配额,或者通过拍卖方式购买配额,或者自行内部减排。电力部门不能获得免费配额分配。

如果排放设施生产的产品未被特定产品基准线所覆盖,则用热值基准线或燃料基准线来决定实际的配额分配。如果无法做到这一点,则按照历史排放进行分配。

可以在有限程度上使用抵消,不超过2008~2012年交易期所获得配额的11%。2013年以后允许使用的抵消是EURs和CERs。[34] 临时CER和长期CER,以及来自自愿市场的减排,都不得使用。怎样计算某一实体可以使用的抵消的最大数额取决于其何时进入瑞士排放权交易体系,但是结果的差异似乎有限。[35]

三、北美

(一)美国二氧化硫总量与交易项目

美国二氧化硫排放权交易是世界上第一个排放权交易体系。在1990年《清洁空气法案》修改之后,二氧化硫总量与交易体系于1995年启动。该体系旨在减少电力生产中二氧化硫的排放,使其比1980年水平低1000万吨。该体系分两阶段实施。第一阶段从1995年到2000年,影响445个设施。按照所宣布的减排目标,第一阶段每年减少的二氧化硫排放量为350万吨。第二阶段始于2000年,该体系将扩展到所有公用事业和产出能

---

[34]　如果在《减少二氧化碳排放条例》中的条件得到满足的话。
[35]　参见Schweizer Eidgenossenschaft(2013),第19~20页。

力超过25兆瓦的电厂，并设定了更为严格的排放限制。该体系大约覆盖
2000多个设施。按照经济合作与发展组织（OECD）的评估，这项政策工具既有环境效率，也有成本效率。[36]

每一单位的配额代表排放一吨二氧化硫的权利。第二阶段的分配比第一阶段更紧张。排放配额主要是基于该设施"在20世纪80年代晚期全行业燃料使用中所占的份额"及某一特定排放率免费分配（祖父法）。也有一些配额通过拍卖分配。要求环保署（EPA）每年储存2.8%的配额用于拍卖。拍卖收入重新分配给交易体系所覆盖的实体。

根据《酸雨计划》（二氧化硫排放权交易是其中一部分），每个受规制的实体都必须测量其二氧化硫、氧化亚氮和二氧化碳排放。EPA根据所获得的数据进行所谓年度"协调"，比较受规制实体的年度排放和所持有的配额。每年末，排放权交易体系所覆盖的实体都有60天的宽限期，确保持有足够的配额，能涵盖其上一年度的二氧化硫排放。不履约的话，超出其账户持有量的二氧化硫排放会被处以每吨2000美元的罚款（金额会根据通货膨胀调整）。此外，必须补缴缺失的排放配额。

（二）区域温室气体倡议

区域温室气体倡议（RGGI）是美国亚国家级排放权交易体系之一。2005年，九个美国东北部和中大西洋区域的州签署《谅解备忘录》（MoU），创设排放权交易体系，希望在2015年时将二氧化碳排放稳定在2009年水平上，到2018年时每年减排2.5%。

该体系仅涵盖由装机容量超过25兆瓦的、使用化石燃料的发电厂所产生二氧化碳。该体系覆盖了超过200个发电设施，代表了电力部门95%的二氧化碳排放。

该体系的目标是到2018年时排放比2009年水平低10%。该体系以三年为一个履约期，又称"控制期"。第一个控制期从2009年1月1日到2011年12月31日（第一阶段）；第二个控制期从2012年1月到2014年12月（第二阶段）；第三控制期从2015年年初到2017年年底（第三阶段）。在每一个控制期结束时，排放实体（称"二氧化碳预算源"）必须提交合格的排

㊱　Ellerman（2004），第94页。

放配额,覆盖其在相关控制期内的所有排放,并提交履约报告。若预算源不履约,每吨未缴配额的排放必须上缴 3 吨的配额(RGGI 采用的计量单位是每吨,每吨等于 907.1847 公斤)。

大部分配额通过区域拍卖售出,超过 80% 的拍卖收入用于回馈消费者、发展能效措施和可再生能源、帮助低收入消费者支付电费和开展其他的温室气体减排项目。拍卖设置最低限价,目前为每吨二氧化碳 1.93 美元。二氧化碳配额的价格趋近 2.30 美元,略高于拍卖保留价。

RGGI 体系允许使用抵消以防止配额价格过高。RGGI 中所使用的碳信用必须来自五种适格项目:(i)垃圾填埋捕集或消除的甲烷;(ii)电力输送设备减少的六氟化硫排放;(iii)通过造林所封存的二氧化碳;(iv)建筑能效带来的减排;(v)通过农业管理实现的甲烷减排。

配额价格在 7 美元以下时,可以使用来自 RGGI 所在地区抵消,最多不超过未偿付的配额的 3.3%。配额价格在 10 美元以下时,可以从美国境内向 RGGI 进口抵消。配额价格超过 10 美元时,可以进口的配额数量最多可以达到未偿付 RGGI 配额的 10%。这些抵消配额不限于美国境内,也可以来自国际抵消项目,以及国外总量与交易体系的排放单位。

尽管碳泄漏尚不是一个重点关注的问题,在 2010~2012 年的 RGGI 项目总结中对此进行了深入研究,并且已经把碳泄漏写入了需要每个参与州都执行的示范规则中。[37] RGGI 体系中还会增加一个成本平抑储备,如果配额价格达到预先设定的触发价格,就可以释出这些储备。成本平抑储备每年为 1000 万单位配额,触发价格在 2014 年定为 4 美元,2015 年为 6 美元,2016 年为 8 美元,2017 年为 10 美元,此后每年增长 2.5%。此外,RGGI 各州承诺将识别和评估潜在的进口追踪机制,评估进一步的减少碳泄漏的政策措施的必要性。[38]

(三)西部气候倡议

西部气候倡议(WCI)最初是美国七个州(亚利桑那、加利福尼亚、蒙大拿、新墨西哥、奥尔良、犹他和华盛顿)和加拿大四个省(英属哥伦比亚、马

---

[37]　关于对示范规则的修改建议的总结,参见 RGGI(2012)。
[38]　RGGI(2012),第 1 页和第 3 页。

尼托巴、安大略和魁北克)之间的合作。2007年以来,WCI各成员共同协作,识别、评估和执行气候政策。截至2011年12月,除加利福尼亚之外的所有美国州都退出了该倡议。所以该体系目前由加拿大四个省加上加利福尼亚州组成。

西部气候倡议是双边连接的区域性总量与交易体系的合作网络,互相承认排放配额。该倡议旨在到2020年时将排放降低到2005年水平之下,刺激清洁能源投资,发展清洁能源,创造就业岗位,保护公共健康。这个目标代表了所有参与方总的减排目标。该倡议定于2012年1月1日启动。魁北克和加利福尼亚于2013年1月1日最先启动了其履约期。每个总量与交易体系都基于在2010年7月各方共同同意的《设计计划》。[39]

每个履约期为期三年,相关实体必须在履约期结束后当年6月30日午夜之前上交足够的排放配额。若未能履行这一义务,则须承担罚款,并且欠缴的每吨二氧化碳当量必须额外再缴三个单位的配额。

在WCI的五个交易体系中,排放配额按照相应的区域规则进行分配。因此WCI的设计文件中并没有规定必须使用哪种分配方法。基准线法和拍卖(有保留价)都可以使用。为实现2020年目标,推荐各体系的总量线性递减。除非体系的覆盖范围有变化或WCI的成员发生变动,或有证据表明总量的设定不正确、不准确,否则不允许事后调节。

WCI覆盖电力部门(包括进口到WCI的电力)、大型排放源的工业燃烧和工业过程的数种温室气体[二氧化碳、甲烷、氧化亚氮、氢氟烃(HFCs)、全氟化碳(PFCs)、六氟化硫和三氟化氮]。到2015年1月,该体系还将覆盖交通燃料,以及余下的住宅、商业和产业燃料,涵盖近90%的排放。

下面讨论WCI框架下最先出现的两个排放权交易体系:加利福尼亚总量与交易体系和魁北克碳市场。

加利福尼亚总量与交易体系

2006年《加利福尼亚全球变暖解决方案法案》(AB32)要求加利福尼亚到2020年时将排放降低到1990年水平。2020年的排放设定为334,200万吨二氧化碳当量,意味着2012~2020年每年递减3%~4%。[40] 加利福尼亚

---

[39] 西部气候倡议(2010)。

[40] 参见§95841,表6-1;第5条 加利福尼亚温室气体排放总量和基于市场的履约机制,第10分章 气候变化,第5条,§95800-96023,参见http://www.arb.ca.gov/cc/capandtrade/september_2012_regulation.pdf(加州温室气体排放总量)。

力争在 2050 年将温室气体排放降低到 1990 年排放水平的 80% 。[41] 排放范围覆盖了《京都议定书》所规制的全部六种温室气体(二氧化碳、甲烷、氧化亚氮、HFCs、PFCs、六氟化硫)以及三氟化氮和其他含氟的温室气体。

加利福尼亚的交易体系于 2013 年 1 月 1 日开始运作,该体系分成不同的履约期。第一个履约期到 2014 年年底;第二个履约期从 2015 年到 2017 年年底;第三个从 2018 年到 2020 年年底。相关实体每年必须提交至少相当于其核证排放量 30% 的排放配额。[42] 余下未清偿的排放配额必须在每个履约期结束时上交。

第一履约期覆盖了加利福尼亚大约 35% 的温室气体排放,扩张到排放超过 25,000 吨二氧化碳当量的所有工业源,以及在加州生产或进口到加州的电力。在第二履约期,从 2015 年以后,排放权交易体系还会覆盖交通燃料、天然气和其他燃料的分销,由此覆盖州排放总量的大约 85% 。排放权交易体系将覆盖约 350 家大型企业,约 600 个设施。

产业部门会在基准线法(定为平均排放的 90%)基础上免费获得配额。基准线会随着时间推移逐渐下调。对天然气的配额分配由加州空气资源局(CARB)在第二履约期开始前进行。对电力的配额分配基于长期采购合同。拍卖是封闭式喊价的单一价格投标,保留价在 2012 年定为 10 美元。保留价每年会在通货膨胀率基础上再上涨 5% 。[43]

在加利福尼亚总量与交易体系中使用抵消必须得到加州空气资源局的批准。抵消可以来自林业、家畜和消耗臭氧层物质。相关实体可以使用不超过 8% 的抵消来履行其义务。

除了使用抵消外,立法者规定创设配额战略储备,抑制配额价格高涨。2013~2014 预算年度 1% 的配额、第二履约期 4% 的配额和第三履约期 7% 的配额会被转化为"配额价格平抑储备"。[44] 如果达到特定的触发价格,来自这种战略储备的配额就会被拍卖。2013 年,这些触发价格为 40 美元、45 美元和 50 美元。这些触发价格每年在通货膨胀率基础上再上涨 5% 。[45] 此外,考虑到产业实体碳泄漏的风险,给产业实体分配的配额会增加。[46]

79

---

[41]　参见州长办公室,行政命令 S–3–05,2005 年 1 月 6 日。
[42]　参见§95855,加利福尼亚温室气体排放总量,参见前面注释40。
[43]　同上,§95911。
[44]　同上,§95780(a)。
[45]　同上,§95913。
[46]　同上,§95870 和表 8–1。

每个被覆盖的实体均须在每年 11 月 1 日完成其上一年度和三年度的履约义务,并提交排放报告。[47] 不履约或未能及时上缴配额将受到罚款:每一欠缴的配额必须补缴四个单位的配额。[48]

允许储存配额,但是对某一实体所能储存的配额总量有限制。不允许从未来履约期预借配额。

加利福尼亚是西部气候倡议的成员,其排放权交易体系是按照 WCI 的设计建议建立的。2013 年 4 月 19 日,加利福尼亚空气资源局批准加利福尼亚总量与交易体系与魁北克的交易体系相连接。连接于 2014 年 1 月 1 日起生效。[49]

魁北克

魁北克省议会令 1187 - 2009 要求魁北克到 2020 年把排放降低到 1990 年水平。[50] 2020 年的排放定为 5474 万吨二氧化碳当量。这意味着在 2015 ~ 2020 年,每年要减排 3% ~ 4%。[51] 覆盖的温室气体包括《京都议定书》全部六种气体(CO_2 、 CH_4 、 N_2O 、HFCs、PFCs、 SF_6)以及 NF_3 和其他含氟温室气体。

魁北克的排放权交易体系从 2013 年 1 月 1 日起开始履约操作,划分了不同的履约期。第一个履约期到 2014 年 12 月 31 日结束。第二个履约期从 2015 年到 2017 年年底。第三个履约期从 2018 年到 2020 年年底。在每个履约期结束时,排放者必须上交排放配额。[52]

在第一个履约期,覆盖了来自产业部门和电力部门的温室气体排放等于或高于 25,000 吨二氧化碳当量约 80 个排放点。[53] 第二个履约期从 2015 年 1 月 1 日开始,燃烧后年度温室气体排放达到或超过 25,000 吨的燃料分销商和进口商也被涵盖进来。自 2015 年起,该体系覆盖了魁北克大约 85% 以上的温室气体排放。

在 2008 年 1 月 1 日到 2011 年 12 月 31 日所进行的温室气体减排可以免费获得早期减排信用。[54] 这些早期减排信用免费分配,可以用于履行履约

47　同上,§95856。

48　同上,§95857。

49　加利福尼亚空气资源局(2013)。

50　魁北克省议会令 1987 - 2009,2009 年 11 月 19 日。

51　魁北克省议会令 1185 - 2012,2012 年 12 月 12 日。

52　《环境质量法案》,OC 1297 - 2011,S. 21;OC 1184 - 2012,S. 14,第 21 条。

53　同上,附件 A,第 2 条和第 19 条。

54　同上,第 65 条以下和附件 C 第一部分表 B。

义务。75%的配额通过基准线法在 2013 年 5 月 1 日和以后每个履约年份 81
的 1 月 14 日免费分配。⑤ 余下的 25%会在每年的 9 月 14 日,在决定是否要
调整实际配额数量后,进行免费分配。⑤ 没有资格获得免费配额的排放者⑤
必须通过拍卖购买配额。魁北克体系所使用的拍卖机制是封闭式喊价的单
一价格拍卖,底价在 2012 元定为 10 加元。底价每年在通货膨胀率的基础
上再上涨 5%。⑤

魁北克总量与交易体系中的抵消可以来自消解甲烷(CH₄)的肥料储存
设施、⑤消解甲烷的垃圾填埋场、⑥从冰箱和制冷设备中去除的绝缘泡沫中
所含的消耗臭氧层物质。⑥ 相关实体在履行履约义务时所使用的抵消不得
超过 8%。⑥ 每个抵消项目产生的配额的 3%会转到部长的环境完整性账
户上,⑥以此作为对违法抵消项目的一种结构性防范措施。⑥

除了使用抵消外,立法者规定创设配额战略储备,抑制配额价格高
涨。⑥ 这种储备可以用来补充自由分配,或者在双方同意的情况下用于出
售。在 2013 和 2014 年,储备的规模定为配额总量的 1%。2015 ~ 2017 年
期间,定为 4%。2018 ~ 2020 年,定为 7%。双方同意进行的出售仅对在魁
北克建立的排放者开放,如果达到特定的触发价格的话,一年中可以进行四
次。⑥ 2013 年的触发价格定为 40 加元、45 加元和 50 加元,以后每年在通货 82
膨胀率之外再上涨 5%。⑥

每个排放者在 11 月 1 日前必须履行其履约义务,在履约账户上有足够
的配额,覆盖其每个排放设施上一年度的核证排放量。⑥ 不履约或未能及
时上缴配额将受到行政处罚:每一欠缴的配额必须补缴三个单位的配额。

---

⑤　同上,第40条。

⑤　同上,第41条和附件 C 第二部分。

⑤　同上,第39条。

⑤　同上,第49条。

⑤　同上,附件 D,议定书 1。

⑥　同上,附件 D,议定书 2。

⑥　同上,附件 D,议定书 3。

⑥　同上,第20条。

⑥　同上,第70.20条。

⑥　同上,第70.21条。

⑥　同上,第38条。

⑥　同上,第56条和第57条。

⑥　同上,第58条。

⑥　同上,第21条。

除了行政处罚之外，欠缴的配额也要从排放者的总账户上扣除。⑩

魁北克是西部气候倡议的成员，其排放权交易体系是按照 WCI 的设计建议建立的。因此与其他 WCI 成员的交易体系连接不成问题。加利福尼亚空气资源局于 2013 年 4 月 1 日批准加利福尼亚排放权交易体系与魁北克的交易体系在 2014 年 1 月 1 日进行连接。

（四）中西部温室气体减排协议

2007 年 11 月，伊利诺伊州、艾奥瓦州、堪萨斯州、密歇根州、明尼苏达州、威斯康星州和加拿大的马尼托巴省（现在是 WCI 的成员）签署了《中西部温室气体减排协议》（MGGRA），确定了温室气体减排目标，温室气体排放比 2007 年水平降低 60% ~ 80%，⑩并建立一个总量与交易的排放权交易体系。该体系由温室气体追踪体系和包括低碳燃料标准在内的其他政策组成。2010 年，在提出了一个总量与交易体系模型后，MGGRA 的成员停止执行协议中的目标。

四、澳大利亚和新西兰

（一）澳大利亚碳定价机制

在经过激烈的政治争论后，澳大利亚加入了《京都议定书》，并想在陆克文政府执政期间引入总量与交易体系。但是，陆克文未能给拟议的交易体系（称作"碳污染减排计划"）争取到足够的政治支持，导致该法案最终于 2010 年被搁置。2011 年 2 月，总理朱莉娅·吉拉德领导的少数党政府成功地将《清洁能源法案》提交议会两院。该法案建立了澳大利亚碳定价机制（CPM）。这一总量与交易体系是澳大利亚气候变化政策的一部分，将帮助澳大利亚达到中期和长期的减排目标，即到 2020 年使排放比 2000 年排放水平低 5%，到 2050 年使排放比 2000 年水平低 80%。

CPM 从 2012 年 7 月 1 日开始运作，碳价固定在每吨二氧化碳当量 23

---

⑩　同上，第 22 条。
⑩　参见美国忧思科学家联盟（2007）。

澳元,扣除通货膨胀因素后每年实际上涨5%。在固定价格期,企业为了履约只能从政府那里购买配额——澳大利亚碳单位(ACUs)。通过《就业与竞争力计划》,能源密集型和贸易竞争型企业可以获得免费分配的配额。⑦由于澳大利亚政府根据固定价格按需出售配额,所以CPM中不设配额总量。尽管在固定价格期不允许储存和预借配额,但在2014年之后可以储存和预借配额。

从2015年7月1日起,CPM转变为浮动价格。当天还会给CPM设定配额总量,然后再进行配额拍卖。能源密集型和贸易竞争型产业仍然可以免费获得配额。

澳大利亚碳定价机制最初预想是作为一个碳价区间体系(price collar system)。排放配额价格将在碳价下限和碳价上限的区间范围内波动。碳价下限定为15澳元,每年扣除通货膨胀实际上涨4%。但是,由于澳大利亚碳定价机制和EU ETS之间的连接谈判,碳价下限被废除了。⑫ 碳价上限仍然保留,2014年定在20澳元,高于预期的EU ETS配额价格。碳价上限每年上涨5%。

CPM覆盖来自大约300个温室气体直接排放超过25,000吨二氧化碳的最大规模的排放主体,包含静态能源(stationary energy)*、工业过程(industrial process)**、逸散排放(fugitive emission)***和非历史废物排放(non-legacy waste emission)****。碳定价体系涵盖的温室气体包括二氧化碳、甲烷、氧化亚氮和全氟化碳。该体系覆盖了澳大利亚大约60%的温室气体排放。未被覆盖的部门也要承担大致相等的负担,以此来促进温室气体减排。来自农业和土地拥有者的排放不直接进入碳定价体系,但可以参加称为"农地保碳倡议"(Carbon Farming Initiative,CFI)的抵消计划。

84

---

　　⑦　除了这个计划外,还有《清洁技术计划》。该计划向能源密集型与贸易竞争型制造行业提供赠款,用于寻找和执行能改进能效的技术,降低能源价格上涨带来的威胁。《清洁技术计划》提供的资金为12亿澳元。

　　⑫　参见2012年11月26日《议会修正法案》。

　　*　在澳大利亚气候变化及清洁能源相关立法的语境中,静态能源部门排放指来自能源产业(如发电和炼油)、制造业和建筑业的燃料燃烧,以及商业、住宅、农业、渔业中的燃料燃烧的排放。——译者注

　　**　在澳大利亚气候变化及清洁能源立法的语境中,工业过程排放指金属、矿物、化工、纸浆和造纸、食品和饮料等生产过程的排放。——译者注

　　***　在澳大利亚气候变化及清洁能源立法的语境中,逸散排放指化石燃料的提取、运输和销售过程中的排放。——译者注

　　****　指来自2012年7月1日以后所堆积的废物的排放。——译者注

在 CFI 框架内,通过减排和碳封存活动可以获得澳大利亚碳信用单位(ACCU)。合格的 ACCU 可以用于国内履约。ACCU 既可以符合京都机制的要求(京都 ACCUs),也可以不符合京都机制的要求(非京都 ACCUs)。京都 ACCUs 可以用于自愿碳市场,也可以用于强制履约的碳市场;非京都 ACCUs 只能在自愿碳市场上交易。

除了来自 CFI 的 ACCUs 以外,在澳大利亚还可以用其他抵消来履约,即来自京都项目机制的国际排放单位(IEUs),如 CERs、EURs 和 RMUs。

在固定价格期,每个实体每年最多 5% 的履约义务可以用合格的 ACCUs 来完成。在浮动价格期,对 ACCUs 则没有限制。国际抵消只能在浮动价格期使用。下列情况不能作为国际抵消使用:临时 CERs,长期 CERs,以及来自核项目、与世界大坝委员会指南不符的大型水电项目、己二酸或三氟甲烷项目的氧化亚氮消减的 ERUs 和 CERs。每个排放实体每年上缴配额义务最多可以使用 50% 的国际排放单位。由于和欧盟的连接谈判,在排放实体的年度履约中,允许使用的 EUA 的比例定为 37.5%,其他国际排放单位的比例减少到 12.5%。

履约年从每年 7 月 1 日开始,至次年 6 月 30 日结束。CPM 所覆盖的实体必须为其在履约年所排放的二氧化碳上缴合格的碳单位。为了让排放实体能编制好年度排放报告,年排放超过 35,000 吨二氧化碳当量的排放实体有两个履约日期。在固定价格期,每年的 6 月 15 日,排放实体必须提交相当于其当年排放 75% 的配额,这称为"先行缴纳"。余下的 25% 配额可以在第二年的 2 月 1 日前上缴。这称为"校准缴纳"。在浮动价格期,只有一个履约日期,即第二年的 2 月 1 日。

在固定价格期,不遵守配额上缴义务会被处以罚款,每吨金额为履约年二氧化碳价格的 1.3 倍。在浮动价格期,罚款额为履约年二氧化碳平均价格的 2 倍。

(二)新西兰排放权交易体系

新西兰作为附件一国家加入《京都议定书》,承诺到 2012 年将平均排放稳定在 1990 年水平上。新西兰有条件承诺到 2020 年将其排放水平比 1990 年降低 10% ~ 20%。新西兰到 2050 年的减排目标是将排放水平比 1990 年降低 50%。

　　新西兰排放权交易体系(NZ ETS)于 2008 年引入。为了获得商业领域的支持,也为了与当时所提议的《澳大利亚碳污染减排计划》保持一致,2009 年进行了修改。

　　NZ ETS 起初覆盖林业部门。2010 年扩展到静态能源排放源*、液态化石燃料和工业过程,2013 年扩展到垃圾和人造温室气体**。尽管农业部门面临报告其生物排放的强制义务,但是否纳入 NZ ETS 无限期搁置,到 2015 年再进行审查。就林业和农业部门而言,由农业林业部***负责管理 ETS,其他部门的 ETS 由环境部负责管理。

　　新西兰排放权交易体系根据生产基准线和目前的生产水平免费发放新西兰单位(NZUs)。如果排放者能上缴相应数量的新西兰单位或其他允许的排放配额,工业生产水平就可以不受约地持续增长。能源密集型和贸易竞争型产业和农业部门获得不同水平的免费分配。农业部门的基线为 90% 配额免费分配;能源密集型和贸易竞争型产业获得的免费配额分配在 60% ~ 90%。免费分配的水平按每年 1.3% 线性递减。没有资格免费分配的实体主要来自产业界。这些实体必须从获得免费分配的实体那里或从国际市场上购买排放单位,或者内部减排。由于一项新的法规修正案授权政府拍卖排放单位,所以这种状况未来会发生变化。因此在将来,NZ ETS 既有配额拍卖,也有免费分配机制。

　　NZ ETS 既没有排放总量,也没有对进口京都信用的数量限制。该体系允许无限制地进口 CERs、EURs 和 RMUs。该体系不允许进口临时 CERs、长期 CERs,和来自核项目、消解氧化亚氮的己二酸或三氟甲烷项目的 EURs 或 CERs。由于新西兰不是《京都议定书》第二承诺期的成员,因此将来(2015 ~ 2016 年)会对使用京都抵消有更多的限制。

　　NZ ETS 履约期为一年。从每年的 1 月 1 日到 3 月 31 日,相关主体必须提交其上一年度的排放自评报告和审计报告。在报告被核证后,相关主体在 4 月 30 日前必须上缴合格的排放单位。若违规话,要在履行上缴义务之外再处以每吨 30 纽币的罚款。如果违规主体在主管机关发现违规行为前主动告知主管机关,可以免除罚款。

86

----

　　* 在新西兰气候变化立法语境中,静态能源部门包括在发电和直接的工业供热过程中的化石燃料(天然气和煤),以及地热能。不包括运输、工业过程和商业设施与住宅供热的排放。——译者注
　　** 在新西兰气候变化立法的语境中,人造温室气体指 HFCs、PFCs 和 SF$_6$。——译者注
　　*** 农业林业部和渔业部、食品安全局于 2012 年合并为新西兰初级产业部。——译者注

新西兰排放权交易体系有过多次变化,有些已经付诸实施,有些即将实施。过渡措施允许 NZ ETS 所覆盖的非林业排放者以 25 纽币的价格("固定价格选项")购买配额,同时提交一吨二氧化碳当量完成两吨上缴义务的方式履行其清缴义务("一换二"计划)。2012 年后,过渡措施会逐渐退出。

由于定期对该体系进行评估,现在有了许多改进的推荐建议。这些推荐建议包括:(i)在过渡期之后,将"固定价格选项"一直保留到 2017 年,价格每年增加 5 纽币,向 2012 年以后新加入该体系的部门开放;(ii)将"一换二"清缴计划扩展到 2012 年以后,并且在 2015 年之前逐渐增加为完全清缴配额;(iii)一旦所有被覆盖的实体都承担完全的上缴义务后,不再禁止出口非林业 NZUs;(iv)对农业部门在 2015 年实行"一换二"上缴,2016 年变为上缴 67%,2017 ~ 2019 年从 83% 到完全上缴(如果农业部门也被纳入该体系的话);(v)修改 1.3% 的免费分配线性年度退出比率,制定准确的退出率和免费分配完全退出的日期;(vi)给排放权交易体系设定总量。

87

政府最近对该体系进行了如下改革,有些就是基于评估委员会的建议。[73] 主要的修改建议包括:(i)明确在总量之内拍卖 NZUs 的权力;(ii)以更为渐进的方式使过渡措施退出;(iii)在目前价格水平上将固定价格选项至少维持到 2015 年,并且赋予在必要时将其扩展到 2015 年后的权力,且将其与澳大利亚的碳定价体系的碳价上限保持一致;(iv)农业部门是否纳入该体系要在 2014 ~ 2015 年进行评估,应规定无限期搁置农业部门纳入该体系的权力。

五、亚洲

(一)日本

在日本,温室气体排放经过一段持续增加的时期后,由于经济衰退,在 2008 年下降了 8%。在京都承诺期开始时,温室气体排放水平仅比 1990 年排放水平高 1%。根据《京都议定书》,日本承诺在 2008 ~ 2012 年将排放水平比 1990 年降低 6%。

日本从 2005 年开始使用自愿排放权交易体系。该体系没有固定的总

---

[73] 参见新西兰政府——气候变化信息(2013)。

量,预计在 2012 年财年结束,并没有以较低成本产生较为显著的减排。[74]

2006 年,东京宣布其长期温室气体减排目标为到 2020 年,将温室气体排放比 2000 年降低 25%,到 2050 年时降低 50%。2007 年,东京宣布引入总量与交易计划,促进达成各部门具体的目标。根据 2008 年的《东京都环境基本计划》,工商业应将排放水平比 1990 年水平降低 16%(比 2000 年水平降低 17%),居民降低 11%(比 2000 年水平降低 19%),交通部门降低 31%(比 2000 年水平降低 42%)。[75]

东京都政府排放权交易体系(TMG ETS)于 2008 年 6 月开始建设,2010 年开始运行。该体系集中在大型的建筑和工厂中能源最终使用所产生的二氧化碳排放,覆盖了年度消费阈值超过 150 万升原油当量的大约 1300 个设施(商业建筑、公共建筑和工厂)。[76] 二氧化碳排放配额根据燃料投入和能源消费免费分配,并用能源账单和外部机构加以核证。过程排放未被覆盖。在履约期开始的时候,不分配排放权。排放权用来计算每个设施可以获得的额外信用量。[77] 截至 2011 年,只有不需要用于履约的排放信用才可以进行交易。

最初的两个交易期分别是 2010 年到 2014 年和 2015 年到 2019 年,减排目标分别为 6% 和 17%。在第一个交易期,使用地区供热和制冷系统的工厂和设施要减排 6%,商业设施要减排 8%。[78] 免费分配的基准定为 2002~2007 年连续三年的平均排放。

TMG ETS 也将相关设施的早期行为考虑在内。[79]"高水平设施"有出色的能效设备和上佳的表现,其减排要求比其他设施低 50%~75%。此外,每年的总分配量中有 0.74% 为新进入者储备。

在有外部机构核证的前提下,TMG ETS 允许三种类型的抵消。可以使用来自东京地区未被覆盖的实体所产生的无限制的减排信用(ERCs)。来自太阳能、风能、地热能、水力发电和生物质能的可再生能源信用也可以用于抵消,为了鼓励其使用,按 1.5 倍计算。此外,也可以接受来自日本公司

---

[74]　Rudolph 和 Park(2010)。

[75]　东京都政府(2010)。

[76]　参见 Nishida 和 Jua(2011),第 523 页。

[77]　Rudolph 和 Kawakatsu(2012),第 10 页。

[78]　Nishida 和 Jua(2011),第 523 页。

[79]　早期行为受到包括东京《二氧化碳排放削减计划》等的激励。该计划主要面对大型排放者,参见 Nishida 和 Jua(2011),第 522 页。

的 ERCs,前提是这些 ERCs 来自年基准年排放低于 150,000 吨二氧化碳的大型设施。[80] 使用来自东京之外的抵消限制在减排义务的 1/3 以内。[81]

89   TMG ETS 提供了一个安全阀。如果市场进入混乱状态,东京都知事有权控制抵消的数量。[82] 知事可以增加接受国内抵消,也可以允许使用《京都议定书》的抵消。这会在价格信号和配额分配方面制造不确定性。

未能履行上缴配额或提交报告的义务,将被处以 50 万日元的罚款,并上缴 1.3 倍的欠缴配额。在发生不履约的情况下,由知事购买欠缴的数量,再由相关排放设施报销。此外,违规实体的名字将会被公开。

允许第一个交易期的配额储存到第二个交易期,但是不允许预借。

目前正在考虑 TMG ETS 和埼玉县、神奈川县及千叶县的排放权交易体系的连接。尽管埼玉县的排放权交易体系是自愿性的,但由于其模仿 TMG ETS 建立,因此并不令人意外的是,埼玉县配额可以在 TMG ETS 中用于履约。由于神奈川县和千叶县的产业结构与东京不同,所以它们之间的合作有些困难。

(二)中国排放权交易体系[83]

中国是世界上最大的温室气体排放国。[84] 中国已经意识到气候变化是一个重要的挑战。在"十二五"规划(2011~2015 年)中,中国设定了目标,要将每单位 GDP 的能耗降低 16%,非化石能源占一次能源消费比例提高到 11.4%,到 2015 年单位国内生产总值二氧化碳排放比 2005 年水平降低 17%。[85] 完成这些目标将会使中国在履行其到 2020 年将单位 GDP 碳排放强度比 2005 年降低 40%~45% 承诺的道路上取得重要进展。后面的这个承诺已经被写入气候变化框架公约第十五次缔约方大会,[86] 对于排放权交

---

[80] 参见 Rudolph 和 Kawakatsu(2012),第 10 页。

[81] Nishida 和 Jua(2011),第 54 页。

[82] 同上,第 525 页。

[83] 我们向中欧法学院硕士生刘冰玉非常出色的研究助理工作深表感谢。

[84] Cao(2011),第 2 页。

[85] 参见 Sandbag(2012),第 12 页,国家发改委(2012)。

[86] 参见国家发改委(2010)。

易尤其有着重要意义。[87]

　　"十二五"规划被认为是中国"绿色时代"的开端。[87] 除了减碳的国家措施外,"十二五"规划还号召开展低碳省区和低碳城市试点。在五个省(广东、辽宁、湖北、陕西、云南)和八个市(天津、重庆、深圳、厦门、南昌、贵阳、保定、杭州)建立了这样的试点。[88]

　　除了这些低碳省区和低碳城市试点,"十二五"规划要求在两省(广东和湖北)和五市(北京、天津、上海、重庆和深圳)建立七个排放权交易体系。这些交易体系有不同的 GDP 碳强度目标。[89] 2010 年,这些省市占中国人口的 19%、GDP 的 33%、能源使用的 20% 和二氧化碳排放的 16%。[90] 在从这些地区获取经验后,一个全国性的排放权交易体系可能会在 2016 年建立。

　　中国不仅考虑将排放权交易体系作为其应对气候变化的政策组合的一部分,而且也在考虑碳税。几年前,在中国学术界,环境税成为热点话题,有些研究者建议引入这种税收。到目前为止,这种建议仍处于研究阶段。在中国《能源法(草案)》以及《可再生能源法》中体现出从财政角度对环境问题的关注。但是,这些规定因为不够清晰、难以执行而受到批评。[91] 财政科学研究所、环境规划研究院、发改委能源研究所和清华大学于 2007 年第一次提议开征碳税。[92] 只有在考虑了环境税和能源税以后,才会对碳税有兴趣。有人认为,最近对碳税的兴趣及快速研究可能与中国和欧盟在航空问题上的对立情绪有关。[93]

　　2011 年 11 月 21 日,点碳公司的报告中建议引入碳税,每吨二氧化碳征收 10 元人民币的税。[94] 选择这样低的水平是为了避免影响经济增长,让商业模式逐渐发生变化并提高竞争力。[95] 预期碳税首先将覆盖碳密集型产业,然后再行扩展。尽管这个建议可能来自在某个特定日期发布的、体现了政府观点的一份科学报告,但我们无法获得建议的具体文本。立法者意图

---

[87]　Sandbag(2012),第 12 页。
[88]　国家发改委(2010),第 13 页。
[89]　参见 Sandbag(2012),第 12 页。
[90]　参见 Jotzo(2013),第 4 页。
[91]　我们向比利时根特大学博士候选人陈萍深表感谢。
[92]　Sandbag(2012),第 14 页。
[93]　我们向比利时根特大学博士候选人陈萍深表感谢。
[94]　参见点碳公司(2011b)。
[95]　Sandbag(2012),第 14 页。

的效力和范围仍处于不确定状态。

下文将提供中国七个排放权交易试点项目的信息。

广东省

广东省有许多高耗能工业。2013年2月,广东宣布其排放权交易试点将覆盖239家交易企业,310家报告企业,先从四个产业部门(水泥、钢铁、电力、化工)开始。广东将逐渐把排放权交易体系扩展到陶瓷、有色金属、塑料、造纸等近10个行业的年排放超过2万吨二氧化碳的企业。[96] 比之其他地区的实施方案,广东的实施方案较为详尽,包括以下内容:(i)建立碳排放信息报告和核证机制;(ii)建立碳排放权配额管理机制;(iii)建立碳排放权交易运作机制;(iv)开展温室气体自愿减排交易;(v)探索建立省际碳排放权交易机制。[97] 此外,广东省发改委还公布了关于温室气体报告的规则,以便收集排放信息。

该交易体系分为几个交易期。第一期从2012年到2015年,第二期从2016年到2020年,第三期为2020年以后。广东将根据2010~2012年的历史排放并考虑企业的具体情况免费发放配额,以后将由有偿发放作为补充。第一次配额分配是在2013年3月。广东省可以根据宏观经济形势并参考企业上一年度的报告,对配额进行合理调整。

免费还是有偿分配配额的决定将会根据全省年度排放总量和综合能源消耗超过1万吨标准煤的企业的减排投资情况作出。

湖北省

湖北省有大量高耗能工业。因此其排放权交易体系对中国中西部其他具有类似经济结构的省份而言具有榜样作用。

湖北将于2013年8月正式启动其排放权交易体系。根据碳排放交易体系实施方案,年综合能源消费量6万吨标准煤及以上企业将被强制纳入。[98] 来自钢铁、化工、水泥、汽车制造、电力、有色金属、玻璃、造纸等高能耗行业的150多家企业超过该门槛,它们占全省碳排放量的35%,占全省

---

[96] 《广东省碳排放权交易试点工作实施方案》,参见 http://zwgk.gd.gov.cn/006939748/201209/t20120914_343489.html。进一步的信息可参见 http://www.nea.gov.cn/2013-02/26/c_132192742.htm。

[97] 《广东首批碳排放权配额下月发放 开始建立企业碳排放信息报告制度》,参见 http://www.ccpit.org/Contents/Channel_50/2013/0226/356516/content_356516.htm。

[98] Jotzo(2013)(第47页)报告说除了每年6万吨标准煤以外,还有每年12万吨二氧化碳排放的标准。

工业企业碳排放的 52% 。

由于湖北已定于 2013 年 8 月启动排放权交易体系,目前正在进行许多重要的准备工作。2013 年 3 月,组建碳排放交易中心;4 月,摸清行业和企业实际排放、减排、能耗情况;5 月,设计碳排放报告系统、注册登记管理系统、电子交易与结算系统等;6 月,试点企业配额分配、发放。[99]

尽管最初只会把大型排放实体纳入交易体系,但是对年综合能源消费量 8000 吨标准煤及以上企业,将由独立机构对其排放进行检测,每年需提交年度碳排放报告。今后将根据试点情况,对能源消费量 6 万吨标准煤以下的企业分批纳入碳交易。

交易企业在规定期限内未能履约的,可对其未履约的差额按当年度市场配额均价的 3 倍予以处罚,同时在下年度分配的配额中双倍扣除。[100] 目前仅为现货交易,将来可能会有衍生品市场。

目前湖北碳交易试点仍存在不少困难。第一,设定合适的目标很难。第二,企业积极性不高。第三,行业、企业碳排放基础数据不全。第四,计量、监测有很大难度。第五,把握好环境改善和经济增长的平衡是个考验。[101]

北京市

北京排放权交易试点将在 2012～2015 年运行。实施方案已经上报国家发改委。根据该方案,600 家 2009～2011 年年均直接或间接二氧化碳排放总量 1 万吨以上的固定设施排放企业(单位)被强制纳入碳排放权交易,配额会逐年发放。2013 年,排放配额基于排放者在 2009～2011 年的排放水平。2014 年和 2015 年,配额分配基于上一年的排放水平。大部分配额是免费分配的,但是政府将预留一小部分配额用于拍卖。[102]

北京排放权交易体系不仅包括来自热力供应、电力和热电供应的直接二氧化碳排放,也包括为满足北京需求而在北京之外产生的间接二氧化碳排放:制造业和大型公共建筑。北京已经建立了中介咨询、核证机构和绿色金融机构以支持排放权交易市场。

———————

[99] 《湖北省 8 月将正式启动碳排放交易》,参见 http://www.tanpaifang.com/tanjiaoyi/2013/0419/19604.html。

[100] 《湖北稳步推进碳交易试点为中西部地区探路》,参见 http://news.emca.cn/n/20130411110031.html。

[101] 同上。

[102] 《七省市试点方案出炉 探索中国特色碳交易》,参见 http://www.sepacec.com/zhxx/xgxx/201210/t20121017_238852.htm。

天津市

《天津市碳排放权交易试点工作实施方案》于 2013 年 2 月发布。[103] 根据该方案,天津将于 2013 年完成排放权交易体系建设。其到 2015 年的目标是建立区域性排放权交易体系,成为排放权国家交易中心。

目前,天津正致力于建设核证体系、分配配额、建立配额注册与监管体系。自 2009 年以来年排放超过 2 万吨二氧化碳的企业将会被纳入排放权交易试点。目前,大约纳入了 120 家大型企业,占全市二氧化碳排放总量的 60%。[104]

天津将据本市二氧化碳排放下降任务要求,综合考虑经济发展及行业发展阶段,确定 2013 ~ 2015 年各年度二氧化碳排放总量目标。

根据各年度总量目标,综合考虑纳入企业历史排放水平、已采取的节能减碳措施及未来发展计划等,确定给企业分配的年度配额。因此配额数量每年会有变化。天津未来也会引入拍卖方式分配配额,并建立履约体系。天津还将研究制定相关措施,对逾期未能足额上缴配额的纳入企业进行约束。但是,具体的惩罚措施仍付阙如。比起广东和上海的实施方案,天津的实施方案略显笼统。

上海市

2012 年 11 月,上海确定首批进入排放权交易体系的企业:197 家来自钢铁、石化、化工、有色金属、电力和其他产业的年排放超过 2 万吨二氧化碳的企业入选。此外,航空、港口、宾馆、金融和其他非工业产业中年二氧化碳排放超过 1 万吨的企业也纳入试点。这或许可以从上海的经济结构进行解释:上海市没有大型的能源密集型企业。大约 600 家企业有数据上报义务。[105] 该体系覆盖上海市大约 50% 的排放。

上海排放权交易体系在 2013 ~ 2015 年免费分配配额。免费配额按历史排放法分配;如果有充足的数据,则用基准线法;在免费分配的情况下,要考虑预期增长和企业先前的减排工作。[106] 后面还会引入拍卖机制。[107]《上海市

---

[103] 《天津市碳排放权交易试点工作实施方案》,参见 http://www. tjzfxxgk. gov. cn/tjep/ConInfoParticular. jsp? id =38237。未来的信息参见 http://www. chinatcx. com. cn/tcxweb。

[104] Jotzo(2013),第 47 页。

[105] 《上海市人民政府关于本市开展碳排放交易试点工作的实施意见》,参见 http://www. shanghai. gov. cn/shanghai/node2314/node2319/node12344/u26ai32789. html。更多信息参见 http://www. cneeex. com。

[106] Jotzo(2013),第 47~48 页。

[107] 《上海启动碳排放交易试点 初始碳排放配额免费分配》,参见 http://sh. eastday. com/m/20120817/u1a6791296. html。

人民政府关于本市开展碳排放交易试点工作的实施意见》于 2012 年 7 月 3 日发布。该意见规定,试点期间,试点企业碳排放配额不可预借,可跨年度储存使用。

上海将建立企业碳排放监测、报告和第三方核查制度。有意思的是,目前上海没有在实施意见中规定不履约的罚款。上海将在 2013 ~ 2014 年对排放权交易的管理和监管问题做进一步详细规定。

值得注意的是,有些金融机构也参与到碳交易市场试点中。例如,上海浦东发展银行正式宣布该银行将参与试点工作。浦发银行已提前筹划国内碳金融业务,协助交易体系的发展。[108]

重庆市

《重庆市碳排放权交易实施方案》已于 2013 年年初获得批准。试点的交易体系主要集中于电解铝、铁合金、电石、烧碱、水泥、钢铁和其他高耗能行业。碳市场预期将于 2013 年 9 月开始运行,并将逐渐扩展覆盖范围和交易规模。[109] 该体系的覆盖阈值是工业部门年排放 2 万吨二氧化碳,非工业部门年排放 1 万吨二氧化碳。[110]

深圳市

2012 年 9 月,深圳市公布了首批 117 家参加深圳排放权交易试点的企业名单。2012 年 11 月,又公布了 300 家企业,并正在对其进行核查。第一批企业中已经有多家通过了核查,为下一步的数据分析提供了信息。纳入排放权交易体系的排放阈值是每年 2 万吨二氧化碳排放量,但将来这个标准会下调到 1 万吨。[11]* 与其他试点城市相比,深圳市排放权交易体系没有覆盖钢铁、水泥等大型排放源。与其他城市相比较,深圳需要将较多数量的企业纳入碳交易体系。初步确定了涉及了 26 个行业的近 800 家企业,其合计碳排放占深圳 2010 年碳排放总量的 54%。[112] 这使深圳成为与其他排放权交易体系试点相比,参与企业数量最多的试点。深圳将于 2013 年 6 月正

96

---

[108] 《浦发总行已明确参加上海首批国内碳交易试点》,参见 http://bank. hexun. com/2012 - 11 -26/148360941. html。

[109] 《重庆将启动碳交易　涉及高耗能行业》,参见 http://www. coal. com. cn/Gratis/2012 - 11 -21/ArticleDisplay_329613. shtml。更多信息参见 http://www. cquae. com/html/tpfjy。

[110] Jotzo(2013),第 47 页。

[11] 同上,第 47 页。

* 目前深圳市执行标准为每年 3000 吨二氧化碳排放。——译者注

[112] 《碳交易试点进入筹备攻坚期配额如何分配或成关注焦点》,参见 http://news. xinhuanet. com/politics/2013 -04/01/c_124528467. htm。

式启动交易市场。[113]

六、结论

本章讨论了在世界不同地方运作的数个排放权交易体系。这种评估的目的并不在于提供关于每个体系的一份完整详尽的描述，而是讨论其多样性。显然在不同的国家和地区，对同样的挑战有着迥异的解决方案。从设计的角度来看，有些非常有意思的观察结论。

（1）值得注意的是，存在某种形式的压力，要求与某些排放权交易体系保持一致。瑞士和澳大利亚依照 EU ETS 对其排放权交易体系进行了调整。考虑到这些国家和欧盟之间正在进行的连接谈判，这一点并不令人意外。更为值得注意的是，新西兰也多次修改其排放权交易体系，更有可能是适应澳大利亚碳定价体系的变化。新西兰的排放权交易体系目前正在做新的改动。人们都想知道的是，新西兰的排放权交易体系是否最终会趋向欧盟的设计。欧盟在气候变化领域的领导地位的确产生了追随者（可能并非完全自愿的追随者），但这没有使我们对 EU ETS 设计的广为传播产生怀疑。

（2）不同体系的环境目标之间差别甚大。这使比较不同国家和地区在气候变化方面所做的努力变得非常困难。中国（未包括在表 4 - 1 中，因为中国正出现多个排放权交易体系，尚需补充大量的信息）尤其抢眼，因为中国采用的是强度目标，因此使用的是和大多数排放权交易体系非常不一样的方法。

（3）使比较排放权交易体系的对产业的成本负担和对竞争力的扭曲难以进行的一个因素，是各排放权交易体系的覆盖阈值差异甚大。

（4）不同体系所纳入的温室气体类型也不一样。有些只关注二氧化碳排放，另外一些体系则包括六种温室气体，还有一些则纳入更多种类的气体。

（5）我们观察到有多种分配机制，包括免费分配、基准线法和拍卖。

但是，在不同的排放权交易体系中，也有共同之处。例如，大多数排放权交易体系中都有支持产业的措施，并且会运用处罚强制履约。

表 4 - 1 重点强调了本章所讨论的一些要素。

97

98

---

[113] 《深圳碳排放交易 6 月启动》，参见 http://szsb. sznews. com/html/2013 - 04/04/content_2431510. htm。更多信息参见 http://www. cerx. cn/cn/index. aspx。

表4-1　部分现有排放权交易体系比较

排放权交易体系	EU ETS	瑞士 ETS	RGGI	加州 ETS	魁北克 ETS	澳大利亚 CPM	新西兰 ETS	东京 ETS
目标	2020:2005年水平低21%	2020:1990年水平低20%	2018:2009年水平低10%	2020:2015~2020年 -3%~-4%	2020:2015~2020年 -3%~-4%	2020:2000年水平低5%	2020:1990年水平低10%~20%	2020:2000年水平低25%
气体	多种温室气体	多种温室气体	CO_2	多种温室气体	多种温室气体	多种温室气体	多种温室气体	CO_2
阈值	20MW	20MW	25MW	25,000公吨	25,000公吨	25,000公吨		150万升原油
部门	能源+工业	能源+工业	能源	能源+工业	能源+工业	能源+工业	能源+工业(未来包含农业?)	大型能源建筑、商业建筑和公用建筑、工厂的终端使用者
分配	基准线+拍卖	基准线+拍卖	拍卖	基准线+拍卖	基准线+拍卖	免费分配+拍卖	免费分配+购买	免费分配
碳泄漏	补偿直接排放成本	最高100%	成本平抑储备	配额价格平抑储备和增加分配	战略配额储备	对能源密集型和贸易竞争型企业免费分配,碳价上限	最高90%的免费分配	增加抵消的使用
抵消	限制进口	限制进口	限制进口	限制进口	限制进口	限制进口	不限制进口(减少京都消的使用)	限制使用
处罚	100欧元+补缴	125瑞士法郎+补缴	每吨3个排放权	欠缴部分每吨4个排放权	每吨3个排放权+补缴	1.3倍配额价格	30纽币	50万日元+1.3倍补缴

资料来源:笔者自行整理。

第五章 执行问题一：排放权初始分配[①]

一、导论

　　在开始排放权交易之前,先要设定排放目标。这可以采取绝对总量或相对目标的形式(如以每单位产出或每单位 GDP 的二氧化碳排放的形式表达)。为实现减排,排放总量或相对目标必须比现排放水平更为严厉,否则监管不会奏效。下一步是决定分配排放权的方法。排放者可以免费获得排放权,或者从政府那里购买(如拍卖)。排放权交易体系的设计者也可以把这些方法组合使用,向市场提供配额。

　　在各种无偿或有偿的方法中,可以有多个选项向市场提供配额。祖父法和基准线法是排放权交易体系通常使用的免费分配方法。祖父法是根据历史排放分配排放配额的方法。基准线法是基于生产技术标准的分配方法。拍卖经常作为有偿分配方法。其他的有偿分配方法(如将配额卖给社会中某一特定的部门)在理论上是可能的,但是在实践中在排放权初始分配中未见使用。但是,在排放配额价格过高、要向市场提供额外的配额的时候,使用过其他的有偿分配办法,例如,澳大利亚碳定价机制中有碳价上限制度。通常使用的向市场

　　[①] 本章主要由埃德温·沃尔德曼撰写,他欣然同意在本书中使用这一章。

"卖出"配额的方法是配额拍卖,且拍卖可以有多种形式。在效能、效率和可接受性上,这些不同的分配方法有着不同的后果。每种初始分配中都有特定的赢家和输家,由此产生了激烈且昂贵(也因此是会减少福利的)游说活动。

　　本章结构如下:第二节讨论排放权交易体系中的目标设定,包括过度分配这样的潜在问题。EU ETS 就曾有过过度分配。第三节解释在排放总量的前提下使用祖父法或基准线法进行免费分配,以及在没有排放总量的情况下的免费分配。本节还会讨论"意外之财"。这个问题在 EU ETS 中一度非常突出,并使得分配机制的改革成为必要。第四节会分析不同的拍卖设计变型。第五节讨论几个游说的例子,以及游说的经济后果,仍以 EU ETS 为中心进行讨论。第六节是结论。

二、设定排放总量

　　排放权交易要么基于排放总量,要么基于在交易开始之前设定和通过的相对目标。

　　总量与交易体系给一组排放实体的年度排放设定了总量。这个排放总量再分成小的排放单位,通过免费发放或售出的方式分配给每个排放设施。所有的配额都可以交易。履约期(一年或更长)结束时,每个排放主体必须上缴等于其在该时期排放量的配额。不履约会引起代价高昂的处罚。

　　相对目标可以通过信用与交易体系来实现。给一组企业设定强制排放标准。排放标准规定了每单位能源消费或每单位 GDP 的允许排放值。排放低于排放标准规定的数量可以获得可交易的排放信用,并可以把这些信用出售给未能遵守排放标准的排放实体。不遵守生产标准且未能上缴规定数量的排放信用的排放者会受到处罚。

（一）过度分配

　　排放配额或相对目标体系的排放标准必须比"正常生产"(business as usual)的排放水平更严厉一些。如果政策目标过于宽松,就不会产生必要的排放配额稀缺性,因此配额价格非常低,也就不会有减排的动机。

　　例如,在 EU ETS 第一阶段的 2005～2007 年,发生过这种情况。平均

101

的配额分配与实际排放的比例的变动幅度从水泥部门的105%到纸浆和造纸部门的120%。[2] 在2006年年初，EU ETS整体分配的配额比实际排放水平多4%这一点已经非常明确。[3] 在文献中常用"过度分配"这个术语来形容这种情况。很多文章想确定哪些国家分派到了超过实际需要的配额，相关部门受到了怎样的影响。[4] 沃尔德曼等将欧盟成员国的情况分成三种：[5]

● 为本国产业过度分配配额的国家，削弱了减排的动机——奥地利、丹麦、芬兰、法国、德国、希腊、爱尔兰、意大利、卢森堡、荷兰、葡萄牙、西班牙和瑞典；

● 情况不完全明朗的国家——比利时和斯洛文尼亚；

● 为本国产业分配的配额不足国家（这是排放权交易正确的前提条件）——捷克共和国、爱沙尼亚、匈牙利、立陶宛、拉脱维亚、斯洛伐克和英国。

102　　　欧盟过度分配的原因之一是通常在法律经济学文献中被称作"政府失败"的政策弱点。[6] 过度分配是由企业真实历史排放水平的不完全信息和对生产增长预测过于乐观所致。[7] 这种"排放缺口"的发生（及其大小）都因为低于预期的经济活动排放是始料未及的。不仅政府始料未及，企业也对此始料未及。从交易期开始之际排放配额价格猛涨中可以看出这一点。

但是，欧盟过度分配的另一个原因是产业游说导致的"政府失败"。游说要想奏效，"一个巴掌拍不响"：既要有想影响环境政策的游说者，也要有想执行某些想法的政府。问题在于，每个企业都想成为配额的卖家而不是买家。因此，每个产业部门都有为尽可能多地获得配额进行游说的动机。

---

[2] Trotignon 和 Delbosc（2008）。

[3] Ellerman 和 Buchner（2006）。

[4] Clò（2007）；Kettner、Köppl、Schleicher 和 Thenius（2007）。

[5] Woerdman、Clò 和 Arcuri（2008）。

[6] 法律经济学文献对政府失败和市场失败进行了区分。市场失败指市场未能提供某种商品或服务，或者只能以比市场有效运作时更高的成本提供。市场失败的例子包括不完全竞争、外部效应、集体产品和信息不对称。政府在这时需要进行管制，如改进市场竞争，内部化外部性，提供集体产品，减少信息不对称。政府失败指不完美规制导致缺乏效率的结果。政府失败的例子包括导致不恰当的诱因、过度生产、过度消费、操作松弛、缺乏选择和缺乏创新。本章会使用这些概念。

[7] 尽管值得注意的是，欧洲经济在2005年增长率为2.1%，2006年为3.3%，2007年为3.2%。参见扣除物价增长因素的欧盟GDP增长，27国的数值，参见 http://epp.eurostat.ec.europa.eu/tgm/table.do? tab = table&init = 1&plugin = 1&language = en&pcode = tec00115（2013年5月27日最后访问）。

在单个企业的水平上，慷慨的配额分配能提高排放权交易的可接受性，但是整体的结果却是排放权交易体系缺乏效率，比起产业排放所带来的气候变化成本，配额价格过低。

理论上说，如果存在配额的过度分配（并且不允许储存的话），配额价格甚至可以事实上为零。实践中，这恰是 EU ETS 中所发生的情况：配额价格从 30 欧元跌到 10 欧元左右，然后在 2007 年跌到 0.1 欧元。[8] 配额的过度供给说明在欧盟的排放权交易市场上，没有创造出稀缺性。如果发生配额的净过度分配，尽管有排放总量限制，但排放权交易体系不会有鼓励减排的效果，并且会引发关于交易体系的环境效能的政治争论。

有些报纸报道称因为价格大跌，所以欧盟碳市场失败了。事实恰好相反。碳价对过度分配的反应正说明排放配额市场运作正常。如果配额没有稀缺性，价格事实上会变为零。过度分配导致的碳价下跌不是由"市场失败"造成的，而是由"政府失败"造成的。

如果一国或某司法管辖区整体的温室气体排放有总量限制的话，排放权交易体系所覆盖的产业部门会因过度分配出现一个问题。有些国家根据《京都议定书》已经承担了国家排放目标。在存在有约束力的国家排放总量的情况下，未能给排放权交易体系设定足够的减排目标对排放权交易体系所覆盖的部门来说，构成一项惠益。环境成本从排放权交易体系所覆盖的部门转移到了未被排放权交易体系所覆盖的部门身上。其中的原因在于排放权交易体系之外的部门必须增加减排量，以使国家能完成其国家排放目标。如果排放权交易体系未覆盖的部门的减排成本高于排放权交易体系覆盖的部门的减排成本，这样的补贴是缺乏效率的。除了效率方面的关切以外，这也被认为是"不公平的"。

要想把排放权交易体系所覆盖的部门和未被排放权交易体系所覆盖的，但受到其他政策工具规制的部门的减排成本拉平，是一件非常困难的事。例如，在欧盟，像交通、家庭和农业这样的非 ETS 部门的减排成本较高。[9] 这意味着 ETS 部门应当比非 ETS 部门承担更高（而不是更低）的减排负担。

政府可以通过从联合履约（JI）和清洁发展机制（CDM）项目获得的信用来弥补排放权交易体系过度分配造成的减排量不足。纳税人要为这些排

103

---

[8] 0.1 欧元的价格所反映的可能是出售配额所发生的交易成本。

[9] Criqui 和 Kitous（2003）；Böhringer 等（2005）；Peterson（2006）。

放配额埋单。这会把国际上的京都机制很大程度上转变成一个政府出资的市场。[10] 在这种情况下，过度分配对 ETS 部门构成补贴，因为政府为了完成其国家减排目标，必须替这些 ETS 部门进行减排。

在过度分配的情况下，环境成本只部分地被排放权交易体系内的污染者内部化了，余下的成本转移（或"外部化"）给排放权交易体系外的部门。

104　　这意味着过度分配违反了污染者付费原则。[11]

总之，过度分配不仅缺乏效能，而且也很可能缺乏效率和不公平。ETS 部门为实现国家排放目标应该承担的环境成本转移到了非 ETS 部门身上。非 ETS 部门受其他政策工具的规制，而且减排成本通常更高。过度分配对排放权交易体系效率、效能和公平的有害影响会削弱排放权交易体系的政治可接受性。

(二) 解决过度分配的选项

有数个选项可以供排放权交易的设计者使用，以解决初始配额过度分配的问题。下面就此展开讨论。我们也会简要论述一下应对过度供给的方法。首先，可以采取哪些措施应对基本的过度分配，即那些配额供给如此巨大、以致配额价格事实为零的情形。其次，讨论在存在过度供给但价格仍然为正值的情况下能够采取的措施。在这种情况下，配额供给过大，以至于价格无法高到能刺激技术创新的程度。发生这种情况可能是因为经济衰退、抵消信用流入排放权交易体系或排放权交易体系所覆盖的某个部门的供给冲击（如由于页岩气的供给增加导致天然气价格下跌）。所有这些影响都会导致排放配额价格的下降。

在配额初始分配中，如果很明显发生了过度分配，市场价格将会事实上为零。这个时候政府可以尽量购买配额，直至价格恢复。这是对产业的直接支持计划。在财政紧缩的时期，选民不太可能喜欢这样的计划。但是，从环境效能的角度来看，这却是解决问题的快捷方法，能使配额市场有效运作，实现减排。如果此类措施不可行的话，就必须寻找基于"数量"的解决方案。

---

⑩　Hepburn 等(2006)。

⑪　Woerdman, Clò 和 Arcuri(2008)。

　　另一个解决过度分配的有效方式是尽快停止履约期,根据记载的排放数据重新分配配额。这种力道猛烈的措施会产生很高的管理成本,并且从法律角度来看,不大可能具有可执行性,因为所需的法律修改工作不会这么快完成。

　　但是,还可以有其他的政策选项。可以删除配额,或使配额贬值。降低配额的名义价值意味着其价值将少于1吨温室气体排放。这背后的想法是:正如钱可以通货膨胀一样,配额的价值也可以降低。删除配额或使配额贬值肯定不受排放实体喜欢,因为这在经济上相当于征收。从合法期待的角度来看,是否允许这样的政策选项,或者其与法律体系是否相容,有待评估。如果把排放配额界定为“财产权”的话,这些可能不会是可行的合法选项。

　　由于对初始的过度分配情形难以矫正,所以排放权交易体系的设计者要力图避免这种情形出现。在设定总量所需的必要数据无法获得的情况下,设计者要考虑减少免费分配的配额,等市场价格达到预先设定的触发价格时再提供额外的配额。

　　与初始的过度分配的情况不同,过度供给的情形比较容易解决。EU ETS在第二阶段出现了由于2009年经济衰退以及抵消使用的增加所导致的大规模过度供给。欧盟排放权配额的价格仍然为正值(2013年5月为3.41欧元),[12]但价格过低,不足以刺激碳友好技术的投资。因此在第二阶段,EU ETS不再苦于过度分配,而是苦于过度供给。但是,设定触发价格是一种在过度分配的情况下也能使用的方法。

　　由于允许在EU ETS第二阶段和第三阶段之间进行配额储存,过度供给的情形预计会在第三阶段后继续存在。欧盟委员会体系提议把配额的拍卖推迟到本阶段结束时(2019年和2020年)。这种配额的“折量拍卖”没有校正市场,而是使欧盟委员会引入新的立法,最终删除了“折量拍卖”的配额。折量拍卖要视具体的政策设计而定,不是经济下滑问题的系统解决方案,但代表了一种临时的解决办法。这种方法忽略了一种普遍的看法:经济在景气循环中运行,经济衰退是一个重复出现的问题。

　　在有限的过度供给的情况下,还有一种减少排放配额的供给替代方案,就是在达到触发价格时允许使用抵消。通过这种方法,已经过度供给的市场会因为价格较低,而不会有额外的配额涌入。澳大利亚的碳定价机制就

---

[12]　2013年5月27日EUA现货市场价格,参见 http://www.eex.com。

采用了这种措施。尽管这种方法在支持国内配额市场价格方面是有效的,但从经济角度来看是缺乏效率的,因为其阻止了使用较为廉价的国外减排机会。

有保留价的拍卖,加上强制撤销未拍卖的配额,不会阻止国内企业利用体系之外的较为廉价的减排机会。因此,这是一种更好的解决过度供给问题的方法,当然前提条件是在国内市场上拍卖的配额数量必须相当大。

三、排放权免费分配

(一)排放总量下的免费分配

排放总量下的免费分配可以基于:

- 祖父法,或
- 基准线法。

祖父法指根据企业的历史排放为其免费分配配额,而基准线法指根据"清洁"生产标准免费分配配额。总体上讲,祖父法把排放权赋予了"污染的"企业;基准线法把排放权赋予了"清洁的"企业。这并不影响排放权交易体系的环境效能,却是一种能提高其政治接受度的分配选择。

如果要保护尚未在清洁生产技术上投资的现有企业的既得利益,则选择祖父法。尽管应当注意到,实际的污染和减排决策不是基于配额分配而是基于配额的现行市价,但基于历史排放的祖父法对企业排放水平给予了充分考虑,并会使它们在将来持续排放更多。

107

与此相对,如果现有企业已经在清洁技术上投资,坚持要与使用低劣技术的企业展开竞争的话,基准线法能更好地保护它们的利益。例如,在 EU ETS 中,荷兰的化学工业为让能使其获得针对其他欧盟成员国竞争者优势的分配方案获得通过,开展了强力游说活动。

在 EU ETS 中,政治家们对于什么是"公平"的分配的看法随时间推移发生了变化,从祖父法转为基准线法。值得注意的是,祖父法也可以将现在企业前期投资考虑进来,称为"前期行为"(early action)。在 EU ETS 中,这是通过使配额分配基于历史排放的分配公式进行的,但是各成员国引入了校正因子,奖励那些每单位能耗或每单位产出排放较低的企业。[13] 此外,还可以基于产品基准线发放配额,并使用校正因子减少分配给没有碳泄漏风险的产品的配额。

无论用什么样的分配公式,排放者都需要以这样或那样的方式获得一定限量的排放权,需要由市场来给温室气体定价。但是在实践中,基准线法可能导致配额分配更为收紧。勒古等[14]估计,比起假定早期的祖父法规则继续使用的情景,基准线法使 EU ETS 中可供公共机构拍卖的配额增加了67,000 万吨。在很大程度上,这可以被解释为是因为减少了配额的过度分配。更大份额的配额拍卖提高了 EU ETS 的效率,因为拍卖在某些方面比免费分配更有效率,本章下面会解释这一点。

(二)信用与交易体系下的免费分配

信用与交易体系中没有排放总量。以相对指标的方式设定政策目标,排放信用通过履约水平严于规定的排放标准产生。企业免费获得这些信用。那些未能遵守标准的企业必须根据其实际排放购买配额,并向政府上缴。

在文献中,这种信用与交易体系经常被称作"绩效标准率"(PSR)体系。在 PSR 交易体系中,可以免费获得排放信用,并且还有一点颇能引发争议,就是根本不分配配额。原因在于,配额只有在"由下而上"地援引生产标准方能产生,而不是通过实际"由上而下"地分配配额。在根据欧盟法或国际法发生法律争议时,这个区分非常有用。[15]

信用通常免费获得。拍卖这些信用尽管在理论上可行,但却与 PSR 体系的环境目标和经济效率背道而驰,因此也与采纳这种体系的初衷相悖。[16]

在 PSR 体系中,只要排放者遵守排放标准,便可进行排放。如果政府已经有了预想的排放目标,政府可以通过提高排放标准把排放总量控制在目标之内。如果经济增长,排放量也会增长,因为企业没有排放上限,而只需遵守排放标准。如果能源密集型排放企业想扩大生产,或者如果新企业

---

[13]　例如,参见荷兰国家分配计划(2007)。

[14]　Lecourt,Pallière 和 Sartor(2013)。

[15]　Weishaar(2007b)。

[16]　Weishaar(2012),第 100 页。

进入该产业,都有权进行排放。与总量与交易体系不同的是,在 PSR 体系中的企业不需要为了能进行排放而从现有的企业手中购买配额或者向政府购买配额。相反,企业通过排放严于既定的生产标准获得其排放信用。

这种制度首先意味着,即便是遵守排放标准,排放总量也会增长。这可能会导致排放超出已经制定的国家或行业标准。这种制度还意味着超出已经制定的环境目标的排放的社会成本没有充分体现在每单位产品的成本当中。如果排放标准不进行自动调整或调整得不好的话,这种排放权交易体系的设计可能与其他有排放总量的交易体系相比,在环境方面不那么有效。

但是,PSR 体系可以用来回应政治关切。排放标准之下的免费分配对于某些利益集团来说有优势,如那些在扩大生产时不想额外购买排放权的企业。此外,在总量与交易体系中,还必须额外在拍卖配额和免费分配之间做出抉择。

(三)意外之财

微观经济学的基本理论告诉我们,收税的法律过程与谁实际承担税负的经济过程在逻辑上可以分开。从经济角度来看,税负通常是落在最不能避开税负的那些当事方身上。[17] 谁最终承担税负是一个"各方之间的交易力量"的问题(经济学家将其称为"需求弹性"),并因此独立于成本的类型。[18]

但是在政治上,免费分配排放权会引发关于"意外之财"的争论,欧洲在 2005 年启动 EU ETS 时就发生过这类争论。为了让企业能接受排放权交易,在政治上的选择就是用祖父法分配(根据历史排放免费分配)而非拍卖配额。但是这种做法带来一个始料未及的后果,那就是在 EU ETS 运作的第一年发生的、因电力公司把碳价转嫁给大型消费者(如能源密集型产业)和小型消费者(如家庭)的做法而引发的政治争论。尽管电力公司免费获得配额,但它们却在给电力消费者的账单中加上了碳成本。人们指责这些公司获得了额外利润,称为"意外之财"(windfall profits)。

例如,杰普玛曾写道:

因为配额是用祖父法分配的,并且大多数排放设施似乎都成功地把配

---

[17]　Frank(1997),第 52 页以下。

[18]　关于这个问题,参见 Weishaar(2009),第 182 页。

额价格转移给最终消费者却能不受指控，他们最终都赚到了"意外之财"。……最终支付"租金"的群体，是最终使用者或消费者群体，他们最终要为净意外之财埋单。[19]

但是从经济学角度来看，意外之财并没有什么不妥之处。

实际上，经济理论告诉我们，电力公司把碳价转嫁给消费者是正确行为。[20] "意外之财"不是利润，而是成本。为了给这个推理提供更广的背景，我们有必要理解在经济学中"机会成本"这个概念必须要考虑的资源利用的其他方式。[21] 当你消费的物品 1 多了以后，你可能不得不放弃对物品 2 的一些消费。放弃消费物品 2 的机会就是消费更多物品 1 的经济成本。如工资率，它不仅是劳动的价格，而且也是闲暇的机会成本。如果你的薪水是每小时 20 欧元，那么多一个小时的闲暇的成本就是没有挣到的 20 欧元。

因此免费分配会让企业负担成本，即配额用于交易体系所覆盖的排放时的机会成本。如果不使用这些配额，企业可以把这些配额卖掉，因此，追求利润最大化的企业会独立于初始分配而把所得到的排放配额的机会成本[22]考虑进来，然后理性决策是使用还是出售。这并不是某些批评所称的"市场失败"，而是体现了市场的有序运作。追求利润最大化的企业会竭尽全力转嫁机会成本。因为电力企业处在能把大部分机会成本转嫁出去的位置上，消费者们不得不为电力企业免费获得的配额买单，电力企业获得"意外利润"。

在 EU ETS 启动之前，欧洲的政治家们决定用配额免费分配来提高碳定价对欧洲产业的可接受性，保护欧洲国家的竞争力。有意思的是，EU ETS 一运行，政治家们便惊讶地看到电力企业赚到了"意外之财"。这根本不应当惊讶。免费分配的排放权在资产负债表上创造出资产，因此改进了股东的财务状况。电力企业的股价上涨，因为电力企业免费获得了有市场价值的资产。真正让人惊讶的是，政治家们没有预见到企业把这些成本转嫁给消费者的动机。

---

[19] Jepma（2006），第 6~7 页。

[20] 关于这个问题，参见 Woerdman、Couwenberg 和 Nentjes（2009）。

[21] 参见如 Varian（2003）。

[22] 机会成本通常被理解为以不用其他方式使用某物而损失的收益的方式来衡量的某物的成本。关于机会成本和排放配额免费分配的关系的简要介绍，参见 Woerdman、Couwenberg 和 Nentjes（2009）。

但是,通过把免费配额的机会成本全部加入电力成本只部分反映了更高的电力价格。在像荷兰、德国、英国和芬兰这样的欧盟成员国,转嫁率从30%到100%不等。[23] 这种现象的原因在于电力市场的寡头垄断结构。欧洲有些政治家认为意外之财是因为电力企业的反竞争行为而出现的,要通过让电力市场更具竞争性来消除意外之财。有文献中提出了两项论证,称这种观点从经济学角度来看是错误的。[24] 首先,将免费获得的配额的机会成本转嫁给消费者不是电力市场竞争太少的结果,而是碳市场免费分配的结果。其次,让电力市场更有竞争性可能会增加意外之财,因为到那时价格与机会成本的联系会更密切。

(四) 应对意外之财的选项

在 EU ETS 启动一两年后,就有了关于应对意外之财的若干想法的讨论。[25] 被考虑的政策选项包括:(i)强化排放总量;(ii)禁止涨价;(iii)对意外之财征税;(iv)拍卖配额。下面简要讨论这四个选项。

一些欧盟成员国(如荷兰)针对意外之财的第一个政治上的回应就是在 2008～2012 年交易期给电力部门分配相对较少的配额。此外,收紧排放总量(但是,由于经济衰退,市场还是过度供给了)。所以排放权的价格应该比第二交易期的实际价格高。因此,电力部门的意外之财会减少,但仍然会存在。为减轻这个问题,欧盟成员国(包括荷兰)给 EU ETS 覆盖的其他部门分配相对较多的排放权。例如,荷兰政府在 2008～2012 年交易期分配给电力部门的配额减少了 15%,将未分配部分的 1/3 分配了非电力部门,将 2/3 在碳市场上出售。出售的收入补贴给电力消费者。尽管这种再分配政策听上去是深思熟虑的产物,但通过收紧排放总量和配额再分配不会让意外之财消失。如果能承认免费分配和弹性是意外之财的原因的话,就不会对此感到惊讶。

政治家们的第二个选项是为了阻止价格上涨而引入价格管制。如果不允许免费配额的价值变成电力账单上的价格上涨,从理论上来说,电力

---

[23] Gullì(2008).

[24] Sijm 等(2005),第 98～103 页。

[25] Woerdman、Couwenberg 和 Nentjes(2009)。

企业将其电厂和配额出售要比继续生产电力日子更好过一些。但是，如果排放权交易体系中有规则规定当生产者关闭生产设施时将失去其配额（关闭规则将在本章后面进行讨论），将会减少电力企业退出市场的动机。对于政府来说，除了高昂的管理成本和信息成本，对价格进行规制，尤其是在不完全信息的情况下进行规制，将是缺乏效率的，并且会减少社会福利。[26]

第三个想法是政治家可以对电力企业获得的意外之财征税。这样的意外利润税在管理上会遇到问题，因为在消费者的账单上找不到免费配额的机会成本，在公司的年度账簿上也不会列支出来。电力企业会有动机把这些意外利润在账簿上隐藏为成本，或者在计算会计利润（不是意外利润）时调整资产价值。此外，如果电价上涨的部分被税收拿走，电力企业免费配额的机会成本就得不到补偿。这与排放权交易体系未建立和运作时候的情况类似，电力企业不想涨价，因为所有的利润都被税收拿走，而涨价会导致销售下降，从而使电力企业的利润下降；这最终会损害排放权交易体系的环境效能。意外利润税在政治上也是难以接受的，因为该税收会迫使电力企业缴等于意外利润的税，但他们起初是免费得到这些配额的。

第四个也是最后一个选项是将配额拍卖，而不是免费分配。当政府拍卖配额时，电力企业不得不额外以现款支付费用。电力企业会调整电价，反映这些额外成本。意味利润再也赚不到了。通过拍卖配额，财务上的收益从电力公司的股东转到了政府那里。在欧洲，当电力消费者认为电力企业是直接通过拍卖买到配额时，因碳价而涨电价更能让人接受。对于消费者来说，这更为透明，也更容易理解。因此，欧洲的政治家们决定从2013年起对电力企业转为全部拍卖配额。几十年来，经济学家们已经知道，免费分配配额对于事前从企业那里获得对排放权交易的政治支持非常重要。[27] 但经济学家没有预见到的是，拍卖配额对于事后维持排放权交易的政治可接受性，即解决消费者抗议的问题，也非常重要。

决定拍卖配额而不是将其免费分配，并没有影响排放权交易体系基本的效能和效率。效能保持不变，因为无论配额免费分配还是要求企业在拍卖中购买配额，排放总量没有变。效率有保证，因为无论在免费分配

---

[26] 价格规制会带来投资决策的无效率，有的时候也被称作"镀金饮水机效应"，参见 Frank（1997），第414页。

[27] Baumol 和 Oates（1988）。

还是在拍卖结束之后，企业都可以将排放权用于交易，从而以最有成本效率的方式实现减排。从效率的角度来看，拍卖的确有一些额外的好处，下面将会讨论。

四、排放权拍卖

（一）配额拍卖的好处

在经济学文献中广为承认的是，基于下述理由，拍卖是一种有效率的分配机制。[28]

（1）拍卖使竞买者的私人估值自行揭示出来。尽管竞买者通常不愿意揭示他们的偏好，担心会被竞争者利用，但拍卖机制能简单地报一个价格或与潜在买家重复进行谈判产生更高的收入。

（2）可以以这样的方式来设计拍卖，以确保"配置效率"：通过拍卖将配额卖给对其估值最高的竞买者（假定竞买者有足够的财力资源）。但是，只有在为各竞买者量身定制的情况下，拍卖才能展现出其超强的配置效率属性。

（3）预先了解拍卖规则，使竞买者对怎样估量其出价有一个清晰的框架。

（4）与在行政性分配中可能出现的耗费时间的谈判相比，拍卖是相对迅捷的分配机制。但是，开发设计拍卖机制可能是一个非常耗时的过程。企业收集信息和设计最优出价策略所需的时间和开销也可能十分可观。

（5）尤其具有吸引力的是，配额拍卖的收入可以用于为产业减轻有扭曲效应的税收，如劳动税，经济学家们通常称此为"双重红利假说"。[29]从经济学角度来讲，劳动税因其对劳动市场价格的影响而具有扭曲效应。有了劳动税，劳动变得更为昂贵，对劳动的需求比起没有劳动税时要更低。在排放权交易体系中，运用配额拍卖的收入来降低劳动税，这从经济学角度来说是可取的，因为这意味着企业的污染成本较高而劳动成本较低。

---

[28]　关于这个问题，参见 Weishaar（2009），第 61 页。

[29]　参见如 Goulder（1995）。

（二）配额拍卖的例子

著名的拍卖例子包括美国酸雨计划、RGGI 和英国、加利福尼亚州及欧盟的排放权交易体系。

政府的拍卖收入可能比期初预想的要少。例如,在加利福尼亚州,2013年年初对配额的需求比预计要少。因此,加利福尼亚州将其对 2013 年拍卖收入的预测从 10 亿美元降到 2 亿美元。这使加利福尼亚州想用这笔收入资助高速铁路项目的计划倍感压力。[30]

在 EU ETS 引入之前,英国排放权交易体系（UK ETS）是在欧洲使用的一个温室气体排放权拍卖体系。该体系成功地避开了利益相关者支持不足的问题。该体系基于自愿参与,并且把拍卖的当事方颠倒过来:政府从企业那里购买配额减少量。在英国排放权交易体系的拍卖中,企业要提交它们的减排计划（它们愿意按多高的价格减排多少）,政府将按拍卖结算价格尽可能购买减排量。UK ETS 从 2002 年到 2005 年按这种方式运作。

在 EU ETS 框架内,从 2005 年到 2012 年,配额拍卖发挥的作用都较小。但从 2013 年起,拍卖成为主导性的分配机制。拍卖逐步引入,从 2013 年的20% 到 2020 年的 70%,而 2027 年则是 100% 拍卖的预定日期。除了一些东欧的欧盟成员国外,拍卖是电力部门默认的分配方式。配额总量的 88%通过拍卖分配给成员国,10% 为了欧盟内部的"团结"和增长之目的拍卖。余下 2% 的配额给在 2005 年时期排放比《京都议定书》基准年排放至少低20% 的成员国。50% 的收入应（而不是将）用于减缓和适应措施。但是,有较高碳泄漏风险的部门和子部门将 100% 获得免费配额。如果达成国际气候变化协议的话,将对此进行重新审查。

（三）配额拍卖设计[31]

拍卖有效率,但拍卖设计才是关键。如果某种拍卖方式不能确保出价

---

[30]　《碳市场新闻》(2013)。
[31]　本节部分基于 Weishaar(2009),第 3.2.1 节。

最高的竞买人总是获得拍卖物品的话，就绝不是有配置效率的拍卖，因此也不应成为排放配额拍卖体系的基础。此外，拍卖理论和机制设计的本质在于让拍卖师影响拍卖结果。这是通过估算可能的竞买人的"行为参数"来实现的。竞买人的行为参数包括其信息水平、风险偏好和参与竞买出价的意愿等。这种估算是设计能使收入最大化的拍卖机制的起点。

在排放权交易体系中与配额拍卖有关的法律规则需要纳入各种因素，包括配额打包和拍卖的时间安排。[32] 对交易成本的考虑要求政府拍卖大宗的配额，称为"打包"。这一点必须与让中小企业(SME)能充分进入市场的想法加以平衡考虑。如果中小企业能买较少数量的配额，它们就能更好地进入市场。在莱比锡能源交易所，出价人能买单个的配额，就属于这种情况。[33] 但是在拍卖中购买少量配额的交易成本会高于在二级市场上购买配额交易成本。一般而言，人们能够看到，在莱比锡能源交易所和巴黎以前的 Blue Next 交易所注册的竞买者的数量都是有限的。[34]

还需要做出有关拍卖时间安排的决策。可以每天都组织拍卖，也可以每月组织或每季度组织，或者集中在配额上缴前的几个月组织。时间安排关系重大，因为这可能导致出现"价格下降异常"的现象：市场价格最初处于均衡价格水平，但在后续的拍卖中下降。[35]

在拍卖设计中，基本的选择是介于两者之间：

- 封闭报价单一价格拍卖；
- 未规定单一价格的拍卖。

这些设计方式在效率上产生不同的结果。封闭报价单一价格拍卖是 EU ETS 的《欧盟拍卖条例》[36]选定的拍卖方式。这种拍卖是"封闭报价"的，因为这种拍卖方式允许竞买人参加拍卖，并且不允许其对手事后有机会对其报价做出回应。此外，这种拍卖是"单一价格"的，因为它要求每一个竞买人都支付同样的结算价格。在封闭报价单一价格拍卖中，竞买人说明在不同价格水平上他们愿意购买多少物品(在这种情况下是排放配额)。竞买人按结算价格支付他们购买的每一单位配额。

---

[32] 关于温室气体配额拍卖设计遇到的挑战，参见 Weishaar(2008a)。

[33] 参见 EEX(2011)，第6页以下。

[34] 2012年在莱比锡能源交易所注册的竞买人是80个，在巴黎 Blue Next 交易所注册的为115个，参见后面第六章，第3.1节。

[35] Ashenfelter(1989)。

[36] 委员会规章(EU)2010年11月12日第1031/2010号。

比起没有规定单一价格的拍卖,单一价格拍卖有三个优点。[37] 首先,每一个竞买人支付市场结算价格,等于排放配额的边际收益。其次,掌握信息较少的竞买人倾向于参与此类拍卖,这会增加流动性并因此提高市场的效率。最后,在连续拍卖中,人们更偏爱能确保单一市场价格的单一价格拍卖,因为单一价格拍卖减少了为排放配额支付不同价格的"价格风险"(竞买人不喜欢为同样的物品支付比其竞争者更高的价格)。

但是,在存在市场势力的情况下,拍卖参与者可以使用"减少需求"策略。[38] 在运用这种策略的情况下,竞买者选择让购买量少于自己的需要,以此降低结算价格。对整个体系来说,这种做法是缺乏效率的,因为配额并没有能归于对其估价最高的竞买人。最后大型的竞买者获得的拍卖配额过少,而小型竞买者获得的拍卖配额过多。

在多件物品(multi-unit auction)中,处于主导地位的参与者会意识到他们出价策略的相互依赖性。对需求数量进行自我约束并且出低价的策略能给他们带来收益。例如,成功地减少需求者可以在 16 美元的价格水平上买入 160 万单位配额,而不是在 20 美元价格水平上买入 200 单位。由于需求减少,拍卖价格就不再那么有竞争力,结果导致结算价格更低。由于对物品估价最高的人没有在正确的市场价格上得到该物品,由此产生了效率低下的后果。

与此形成对照的是,封闭报价多件物品拍卖方式不会出现"减少需求"的情况。第二价格封闭出价拍卖体系,也叫作"维克里拍卖"。在这种拍卖中,出价者给出他们希望购买排放配额的价格。[39] 出价者在结算价格上赢得他们所需的数量,但按照每一物品上位居第二的出价付钱。如果按照这种分配和支付规则的话,真诚出价会成为竞买者的优势策略。出价决定着是否允许出价者购买配额,但对最终要支付的价格没有影响。这个价格由出价最高的竞价失败者决定,因此不在竞价获胜者的决定范围内。因此,如果某个出价者想到买配额,必须基于其真实估价出价。所以,对效率具有扭曲效应的"减少需求"不会发生。

封闭出价单一价格拍卖基本上比没有单一结算价格的拍卖体系更有配置效率,因为出价者不用承担对结算价格判断失误的高昂的策略成本。在

---

[37]　参见 Milgrom(2004),第 256 页。

[38]　例如,参见 Weber(1997)和 Ausubel 和 Cramton(2002)。

[39]　Vickrey(1961).

118   存在市场势力的情况下，"减少需求"会成为一个问题。尽管这会使拍卖价格降低，因此减少拍卖者的收入，但却会对占主导地位的企业和小企业有利。由于"减少需求"导致拍卖价格较低，因此会鼓励小企业参与拍卖，小企业会从"减少需求"中获益。这会进一步削弱"减少需求"策略的成效。封闭出价单一价格体系的拍卖规则对竞价者而言更容易理解。但是，我们不应低估出价策略的复杂性。出价者不仅需要决定他们自己愿意支付的价格，还要确定他们的竞争对手可能怎样出价。

    在存在市场势力的情况下，维克里拍卖更有效率，因为这种拍卖不会出现"减少需求"。在缺乏市场势力的情况下，单一价格拍卖几乎同样有效，而且还有拍卖规则简化的额外好处，因此会吸引更多的竞价者。因此，EU ETS 中的封闭出价单一价格拍卖规则未能消除所有因"减少需求"而产生的市场操纵行为的诱因。如果电力企业在寡头市场上运作且持有大量配额的话，如在德国就是这种情形，则需要有效的监测和执行机制来减少市场扭曲。

五、为更多或更便宜的排放权而游说

    在每种政治制度中，在每个排放权交易体系中，都有可能发生游说。[40]每个配额分配方案在决定下来之前都会被游说。在不同的政治文化中，政府和官员对游说的回应方式不同。具体的回应方式取决于以下因素：企业家能接触官员的程度、民主的程度、腐败的程度等。尽管企业可以为获得有利于自己的拍卖分配进行游说，如取消保留价，但是从拍卖很大程度上依赖于竞争这一点来看，实际上有关拍卖的游说产生的后果可能没那么严重。但是，配额免费分配更容易受到游说的影响。例如，电力企业和其他产业部

119   门很有可能为有利于自己的排放权分配方案进行游说。

（一）游说与无效率

    一般而言，每家企业都希望成为配额的卖家而不是买家。这意味着各家企业（如电力公司）有为获得更多配额进行游说的动机。在加利福尼亚

---

    [40]   参见 Dijkstra（1999）和 Woerdman（2004）。

的排放权交易体系中就发生了这种情况,受规制的企业向加州施加压力,要求发放更多配额。由此产生的整体结果就是过度分配,配额价格大幅度下降,和 EU ETS 在 2005～2007 年第一交易期发生的情况一样。[41]

在国际产品市场上竞争的企业和在生产中大量使用能源的企业会为获得更便宜的配额进行游说。因为有排放权交易体系,在与来自不需要将环境成本内化的国家的企业展开竞争时,这些企业生产中要包含温室气体的价格。这些企业可能会为获得某种财务补偿展开游说,并要求通过补贴降低其电力成本。

为获得更多或更便宜的排放权进行游说会对排放权交易体系产生不利影响。无论是哪种情况,气候变化的社会成本没有被完全内部化。一方面,为获得更多的配额进行游说削弱了配额的稀缺性,从而也削弱了排放权市场的运作的基础。另一方面,为获得更便宜的配额进行游说——如给上涨的电价予以补偿——会阻止企业使用更少、更清洁的能源。最后,如果有两家或两家以上的企业进行游说,会导致福利的损失,因为只有一方会"获胜",各方都倾向于为游说过度投资。[42] 另外,还可能出现这种情况:由于两名游说者"对立"产生的福利损失没那么严重,接近游说者"不对立"时的最优解。[43]

（二）EU ETS 中的游说

欧盟是个很明显的例子。"EU ETS 发展出非常复杂的制度,无疑会受到公司的影响,容易被明目张胆地'俘获'。"[44]有人分析过,产业游说行为导致了有损交易体系效率的规则和例外。[45] 游说不仅针对更多和更便宜的配额,还针对排放权交易体系中更为精致且又是难以预料的方面,如生产设施关闭规则的制定。

第一,欧盟的企业为获得无效率的高额配额进行游说。电力企业和能源密集型企业都在建立 EU ETS 的预备阶段进行了激烈的游说活动,以获得尽可能多的配额。政治家们担心,过于严格的总量会损害国内竞争力。

120

---

[41]　Jong、Couwenberg 和 Woerdman(2013)。

[42]　Cullis 和 Jones(1998),第 95 页。

[43]　Faure(2012),第 308 页。

[44]　Lederer(2012),第 7 页。

[45]　Woerdman(2013).

由于 2005 年引入 EU ETS 是以逐渐启动方式进行的,让参与的企业能逐渐获得经验,因此政治家们更偏好宽松的配额分配而不是对产业造成损害。

但是,结果就是过度分配。一方面,游说间接推动了市场的暂时崩溃:2007 年碳价下跌至不到 1 欧元。欧盟分配的配额总量比实际排放高 4%。[46] 这可以被视为"政府失败",但另一方面,没有人能实现准确预测配额缺口和价格下跌程度。市场价格内在的不确定性和事前估计排放水平的信息不完全性使这种准确预测变得十分困难。经济增长的预测过于乐观,实际增长低于预期,这意味着实际排放也低于预期。欧盟委员会进行了干预,命令几个成员国缩减了其国家分配方案(NAPs)。结果,在第二交易期(2008~2012 年)设定了更为严格的排放水平。由于 2009 年的经济衰退,出现了配额过度供给的局面,一直持续到今天。为了避免将来过度分配,分配从方法从成员国层面的"由下而上"变为欧盟层面的"由上而下"(2013 年生效)。欧盟委员会正在计划通过"折量拍卖"(在第四章中有讨论)来解决目前的过度供给问题。

第二,在成员国层面上,产业部门针对关闭规则展开游说,在企业停止生产或减产时不再被收走配额。但是,有几个成员国认为这种分配应该在交易期进行调整,并在其国家分配方案(NAPs)中引入所谓的事后调整规则。与此相反,欧盟委员会认为事后调整规则违反了欧盟的配额分配规则,拒绝了几个成员国的国家分配方案。在由此引发的一起案件中,法院支持了事后调整的合法性。[47] 但是其实际意义有限,因为第二交易期的国家分配方案(如德国)已经实施完毕。

按照第三交易期经过协调的分配规则,欧盟委员会的确越来越多地在工厂关闭时允许事后调整。停止生产的工厂在第二年失去其配额(除非能在 6 个月内开工)。此外,还有关于部分停产的规则。[48]

关闭规则使得维持不赚钱的产能因而获取日后可以出售的配额变得具有吸引力。当配额价格较高时,从理论上说,甚至可以设想企业会仅仅为了获得意图要出售的配额而在产能方面投资。

也有产业游说不成功的例子。多年以来,以欧洲金属工业协会(Eurometaux)为代表的金属制造业和以欧洲化学工业协会(Cefic)为代表

㊻　Ellerman 和 Buchner(2006)。

㊼　关于这个问题的一项案例记录,参见 Weishaar(2008b)。

㊽　参见欧盟委员会决定 2011/278/EU 第 21 条和第 22 条。

的化学工业为"绩效标准率(PSR)交易"(或信用交易)进行游说。在这种交易制度中,排放权交易是基于每一单位产出或能源的排放标准。[49]

按照目前的规则,关闭效率低下的工厂总体上会受到失去配额的惩罚。因此,更有效率的方法是在生产设施关闭或减少产能的情况下,不停止配额分配而是在由多个年度构成的交易期的剩下年份里继续分配配额。这会为关闭旧的污染工厂提供更强的诱因。

第三,欧盟的产业部门为报销间接排放成本的无效率行为进行游说。在解释为什么这种行为无效率之前,很重要的一点是要理解有效率情形是怎么样的。由于碳政策,对小型消费者和大型消费者来说,电费支出都在上涨。由于排放权交易,这种上涨又是有限的。换言之,在其他条件都不变的情况下,气候政策将导致较高的电价,因为应该对排放有害的温室气体的行为定个价,鼓励包括大型消费者在内的能源消费者使用更少和更清洁的能源。从理论上说,这是最优的情况。但是在实践中,能源密集型工业为能给其增长的电费支出获得财政补偿进行了游说。像欧洲金属工业协会就是金属制造业的游说集团。[50] 他们担心如果他们将气候成本转嫁的话,国际竞争会导致销售下降。产业的生产(因此产业的排放)可以转移到欧盟之外没有排放总量的国家。不过,这种碳泄漏效应可能是有限的,[51]原因比方说是在重新选址的决策中,其他成本项比起相对有限的二氧化碳,成本权重更大。[52]

在欧盟指令 2009/29/EC(后被欧盟指令 2003/87/EC 修正)中,允许对高电费支出进行补偿,前提条件是该部门蒙受巨大的销售损失,只有在欧洲之外生产才能继续获利。这些条件最近发展为欧盟委员会的国家援助(state aid)规则。[53] 明年,成员国期初最多可以为企业报销 85% 的间接二氧化碳成本,以后是 75%。但是这些新的国家援助规则是缺乏效率的。企业只有在配额价格高的时候才会遇到麻烦——例如,当价格在每吨二氧化碳20 欧元到 30 欧元的时候。但是即便在价格很低的时候,如每吨二氧化碳 5欧元,欧盟成员国还是会进行补贴。欧盟的政策制定者认为顶多会有两到三个部门申请补偿,结果不少于十五个部门申请补偿,包括钢、铝、铜、锌、

122

[49] Schyns 和 Loske(2008);亦参见 Van Renssen(2012)。
[50] Eurometaux(2011)。
[51] Mattoo、Subramanian、van der Mensbrugghe 和 He(2009);Heilmayr 和 Bradbury(2011)。
[52] Sijm 等(2004)。
[53] 欧盟委员会通讯(2012)。

造纸和化工。例如，荷兰政府希望如果电费上涨国家可以按前述最高限补贴这些部门。这每年将花费荷兰1亿欧元。[54]

为大型能源消费者提供电费补贴会严重削弱EU ETS。因为那样的话，气候变化带来的损害没有被充分内部化。此外，和德国、芬兰、挪威不同的是，大部分欧盟成员国（包括荷兰）并没有留出补贴大型能源消费者的资金。如果有些国家补贴而其他国家不补贴，就会产生国家援助和扭曲竞争的问题。如果不用现在这种制度，而是只允许在配额价格处于高位、导致企业面临销售损失和生产转移的真正危险时给予补贴，并且只补贴那些电费成本格外高的部门的话，会更有效率。

第四，游说并不总是可以预测的，甚至可能对排放权交易体系的效率有积极影响。这方面一个明显的例子是欧盟能源消费者对配额拍卖进行的游说。能源消费者获得了来自布鲁塞尔的支持，他们抗议的主要是电力企业在免费配额基础上获得"意外之财"。消费者的电费开支在上涨，而电力企业却无须为配额付费。许多政治家和消费者组织都呼吁变革。从经济学角度来看，如我们前面解释过的那样，这些"意外之财"是正当的：排放温室气体的外部成本应当被内部化，由于这个原因，在其他条件不变的情况下，电价应该上涨。配额或许是免费获得的，但是如果使用这些配额的话，机会成本等于碳市场价格。因此"意外之财"不是一个经济问题，而是一个政治问题。因为免费配额有市场价值，电力公司的股东变得更为富有。消费者们发现这一点令人难以接受。

对欧盟委员会来说，这种震惊的情绪创造了向配额拍卖过渡的政治空间。经济学家们钟爱拍卖，因为那些对配额估价最高的人将会得到配额。但是，这种过渡与经济学家们从生产者接受程度的角度认为的免费配额更为可取的论断相冲突。消费者们不想忍受免费获得的配额转嫁为电价上涨的结果。电力企业正面临消费者们前景未卜的游说活动。

EU ETS中的游说至少说明两件事。一方面，在相互妥协让步的政治博弈中，政府数次想以排放权交易的效率为代价屈从于产业的意愿。这可以被称为"政府失败"。另一方面，显然产业部门的游说愿望并没有都实现，如他们想把EU ETS重新打造成一个完全PSR的交易体系。排放权交易体系的设计者必须知道，在排放权交易体系推行之前和之后，游说一直在进行。为了控制排放权交易设计的政治过程，他们必须清楚地知道，哪些设计

---

[54]　Atsma(2012)，第3页。

要素是有效率的,哪些设计要素是缺乏效率的。124

六、结论

在启动排放权交易之前,必须制定和通过排放总量或排放标准。为了减排,这一总量或标准必须比现有排放水平更为严厉。但是 EU ETS 的情况不是这样。EU ETS 正在经历缺乏效能和效率的过度分配。初始配额过度分配很难纠正。因此排放权交易体系的设计者必须尽力避免。

下一步是用免费或售出的方式分配排放权。在没有排放总量的情况下,可以基于绩效标准(performance standard)进行免费分配。在有总量与交易体系的情况下,可以基于祖父法(按历史排放水平分配)或基准线法(按清洁生产标准分配)进行免费分配。排放权拍卖是另一个选项,以封闭出价单一价格拍卖的方式进行,或以无单一结算价格拍卖的方式进行。在 EU ETS 中,免费分配导致了"意外之财"的政治问题:电力企业和其他产业把免费获得的配额的市场价值转嫁给消费者。尽管这在经济上是正当的,但消费者的游说促成了向配额拍卖的法律转型。

企业可能为了有利的排放权分配方案进行游说,但是这可能会对排放权交易体系的效率产生负面影响。例如,在 EU ETS 中,产业游说促成了无效率的配额剩余,促成了无效率的关闭规则,以及对间接排放成本(更高的电费支出)的不充分补偿。政策制定者和排放权交易体系的设计者不应让自己轻易被拖入前面讨论的这些监管效率低下的情形。相反,他们在设计和推行排放权交易体系时,应尽可能按经济理论办事。重要的是,要知道如果不能按照有效率的排放权交易体系设计方案来执行(因为要迁就更为紧迫的其他社会目标)所产生的经济代价。只有在仔细权衡可能的排放权交易体系设计和政策选择后才能得出最优的结果。寻找各种设计选择的成本和收益的相关信息十分重要。125

第六章 执行问题二：排放权二级市场

一、导论

本章讨论所有排放权交易体系运作的关键问题：市场。在文献中，这个领域受到的关注少于排放权交易设计的其他领域。这种疏忽可能是因为人们认为排放权交易市场的运作和其他市场一样。尽管排放权交易市场在任何方面都没有特殊之处，但它仍然值得关注，因为运作良好的市场是成本效率减排和实现排放权交易体系全部益处的前提条件。

近来，欧洲的排放权交易市场受到了更多关注。在EU ETS发生欺诈丑闻之后，像市场操纵、市场势力、市场监督这样的问题吸引了人们更多的兴趣。本章是在EU ETS背景下讨论所有这些问题的。首先，第二节讨论现货市场操纵。本节强调在行情多变的排放权交易市场上，也可能出现市场操纵，因此排放权交易体系的设计者对此不应低估。第三节在EU ETS拍卖的背景下讨论市场势力和监督问题。本节指出，即使使用拍卖也无法阻止扭曲竞争和操纵。因此，排放权交易体系的设计者要审慎考察拍卖设计选项，建立有效的监督结构。第四节讨论了有记载的市场异常行为，特别是在排放权交易背景下出现的犯罪活动。本章讨论的例子包括在EU ETS发生的欺诈丑闻，在欧盟成员国发生的盗窃配额行为，以及不当行为。这些不当行为尽管没有违反现行法律，但涉及会削弱欧盟排放权交易市场环境整体性的活动。这些都是排放权交易体系设计者力求要避免的关键问题。

二、现货市场与操纵

本节强调在行情多变的排放权交易市场上，也会出现市场操纵。本节论述了适用于 EU ETS 现货市场的法律框架，以及在排放权交易市场上可能发生的市场操纵行为的类型。

EUAs 的衍生品市场由欧盟立法规制，即《滥用市场指令》(MAD)[①]和《金融工具市场指令》(MiFID)[②]。与此不同的是，EU ETS 的现货市场多年以来没有欧盟层面的监管。现货市场是分散的，有多条交易途径，包括各种能源交易所、中间商和通过私人的缔约。现货市场并不透明，难以监督。对EUAs 现货市场的监督是在成员国水平上自愿进行的，但算不上是对整个EUA 现货市场一致或系统的监管，因为这种监管只在几个成员国中存在。例如，德国将商品市场规制的原则适用于商品交易和交易所交易（因此也包括EUA 交易），法国制定了法律规则，把监管市场的法律框架用于现货市场。[③]

按照指令 2003/87/EC(EU ETS 指令)的第 12(1)(a)条，欧盟委员会于 2010 年审查了 EU ETS 市场是否对内幕交易和市场操纵有足够的防范。[④] 欧盟委员会认为，需要进行深入研究，并征询利益相关者的意见，以便更为详尽地审查碳市场的结构和监管的水平。[⑤] 来自征询过程的意见影响了修改和强化 MAD 的过程，要求加强对商品和商品衍生品市场的监管，应对内幕交易和市场操纵。2011 年 10 月 20 日，欧盟委员会公布了修正MAD 的一个临时草案以及新的《市场滥用条例》(MAR)。[⑥] MAR 制定了   127

---

① 欧洲议会和欧盟理事会 2003 年 1 月 28 日《关于内幕交易和市场操纵（市场滥用）的指令》2003/6/EC。

② 欧洲议会和欧盟理事会 2004 年 4 月 21 日《关于金融工具市场的指令》2004/39/EC，修正理事会指令 85/611/EEC 和 93/6/EEC 和欧洲议会及欧盟指令 2000/12/EC，废除理事会指令93/22/EEC；Diaz-Rainey，Siems 和 Ashton(2011) 第 13 页。

③ COM(2010)796 最终文件，第 10 页。

④ 参见指令 2003/87/EC，第 12(1)(a)，COM(2010)796 最终文件。

⑤ COM(2010)796 最终文件，第 10 页。

⑥ 参见 COM(2011)656 最终文件，2011/0298(COD)。在本书写作时，该文本正在欧洲议会等待一读审议。一读审议全体会议的时间定在 2013 年 10 月 8 日。

与内幕交易和市场操纵（市场滥用）有关的规则和行政处罚，修正的 MAD 现在还引入了刑事处罚。在第三交易期的 2013～2020 年，现货市场将会置于欧盟立法监管之下。

为了考察是否有市场操纵的风险存在，需要考察一些对市场进行描述的统计数据。EU ETS 覆盖了 11,000 多个排放设施，6500 多家排放企业，但并不是一个多头垄断市场。排放企业在规模上差别很大。根据共同体独立交易日志（CITL）2005～2006 年的数据，大约 10 个全球终极所有者（GUOs）获得了 29.3% 的配额分配。[7]

很大一部分的配额现货交易集中在少量企业身上。在我们数据集合中（按交易量计算）最大的三个账户持有人的买卖占碳市场很大比例（占买进的 8.7%，售出的 10.1%）。紧随其后的十大企业占所有配额售出的 20%，买进的 22%。在 2005～2006 年，50 家最大的企业占所有配额售出的 58.2%，买进的 66.5%。可以预见的是，全球终极所有者的影响会更大。按交易量计算，最大的三个全球终极所有者占所有售出的 11.5%，买进的 13.9%。紧随其后的八大企业占配额售出的 20%，买进的 25%。50 家最大企业在相关时期占所有配额售出的 67.6%，买进的 81.27%。

从产业经济学的角度来看，可以认为，可能导致滥用行为市场势力的行为毫无疑问是存在的。我们在产业市场上也会遇到这种行为。这种行为会进入欧盟竞争法的调整范围。但是值得一提的是，要出现市场操纵行为，不需要有产业经济学意义上的市场支配地位。

128 　在荷兰经济事务、农业与创新部的一份内部文件中，征询国内的 EU ETS 参与者对现货市场规则的看法以及是否适用 MiFID 规则防止市场操纵的看法。非常有意思的是，非能源部门的企业担心市场操纵行为可能会来自所谓的非履约交易者（没有 EU ETS 所覆盖的生产设置的交易者）。此外，产业组织对市场缺乏透明度感到遗憾——法国关于 EU ETS 现货市场研究中也提出过这个观点。[8] 与此形成对照的是，能源部门的交易者和生产者不认为存在市场操纵行为。这表明在配额交易中更为积极的市场参与者对市场有更好的了解，他们不认为有市场操纵。而其他人——主要是相关的外部人士——则担心成为操纵的受害者。

---

　　[7] 全球终极所有者是欧盟排放设施的终极所有者。账户持有人是那些为在欧盟进行现货市场交易而持有账户的企业。

　　[8] Prada(2010).

市场操纵削弱了对市场的信任，导致市场对于操纵有关的变化无法做出足够的回应。历史上，这是一种广为人知的现象，只要有资产交易，就有操纵。例如，联合东印度公司和联合西印度公司的贸易就是通过散布与具体航班所载货物有关的谣言进行操纵的。很显然，利用这样的谣言，某些人能以他人的损失为代价，赚取利润。因此，"操纵"这个词有负面含义，它描述了在对手方不知情的情况下滥用这种形势的情形。

在现货排放权交易市场上，可能出现数种形式的市场操纵。下面先以总括的方式对此进行讨论，然后说明在 EU ETS 中是怎样进行操纵的。

(一)基于行为的操纵

这种形式的操纵与改变(降低)公司价值的行为有关。在市场参与者被迫持有头寸而其他市场参与者知悉这一点后，就有借此牟利的机会。用两个场景来具体说明这一点：

(1)当某公司处于财务危机中、必须通过发行股票来改善财务状况时，绝不可能取消股票发行。市场参与者可以通过人为制造过度供给在发行日之前降低股票的价格。这会对股票的发行价格产生负面影响。市场行为者可用较低的发行价格购买股票。在股票发行结束后，过度供给消除，股价恢复到正常水平。这种价格操纵具有风险，因为价格水平并不总是会自行恢复。例如，可能新的信息表明，该公司的财务状况比预期要更糟糕。

(2)在某个市场参与者必须卖掉某公司一大笔股票时，这可能带来过度供给的压力，导致市场价格下跌。其他市场参与者可以用较低价格买进这一大笔股票。在购买完成后，股价会恢复到原始水平，因为短期的过度供给已经得到缓解。

这两个场景表明，市场参与者可以用具体的与价值有关的交易为自己牟利，市场操纵者还可以放出关于计划买进或卖出资产的信息。宣布自己的(敌对)收购意图会产生价格支持效应。对操纵者来说，不跟某人公开宣称的意图，及时售出手中的股票，会从中获利。

这种基于行为的策略也可以用于排放权交易体系。大型交易者能更好地理解 ETS 现货市场，能利用市场上的高度不确定性，买进配额。市场参与者试图用以下两种方式短期内影响市场。

109

第一,有着信息优势的大公司能通过在现货市场即将降价前卖出配额和在即将涨价前买进配额抢占价格波动的先机,这种交易策略可以称为(市场)时间选择。

第二,市场参与者可以通过购买大量配额然后抬高市场价格,影响市场预期。一旦价格上涨,他们可以反向下单,卖出他们持有的 EUA。或者,他们可以卖出配额,压低市场价格,然后在市场价格下跌时再买回来。这种交易策略可以称为相反头寸。

130

(二)基于信息的操纵

如果操纵是基于内幕信息泄漏或散布(不真实的)谣言,则被称为基于信息的操纵。在此,价格是通过散布误导性的信息或谣言加以操纵的。下面是这种做法的两个例子:

(1)"哄抬股价、拉高出货"是频繁使用的一种操纵方式。此种方法散布关于某公司的不实谣言。这些谣言用来抬高公司的市价。价格高涨之时,操纵者卖出他的股票。这种操纵手法当然很古老,但是在今天的互联网时代,匿名信息的传布比以往更为容易,这种方法仍然有重要作用。[9]

(2)操纵也可能采取更有组织的形式。阿加沃尔和吴国俊[10]描述了与 Paravant 计算机系统公司首次公开募股有关的操纵。在这个案例中,股票经纪人参与了在二级市场上人为降低供给、同时又创造巨大需求的活动。二级市场上股价暴涨,市场操纵者售出股票,大获其利。

这些基于信息的操纵价格手法是通过散布谣言进行的。谣言范围很广,从盈利状况不佳到某公司产品中含有有害物质。基于信息的操纵和基于行为的操纵之间的界限并不是十分清楚,因为散布关于收购的谣言与当事方宣布要进行收购对价格有同样的影响。

---

[9] 参见阿姆斯特丹法院审理的案件,Italianer 对其有评注(Rb Amsterdam,2003 年 7 月 3 日,JOR 2003/204,nt. Italianer)。在这个案件中,有人通过网上论坛称,一大笔 Cardio 控股公司的股票将被出售,这只是股价大涨的开始。由于无法证明被告从操纵中获益,他只被判犯有试图操纵罪。Leinweber 和 Madhaven(2001)讨论了其他一些例子。

[10] Aggarwal 和 Wu(2006),第 1934 页。

在参与排放权交易的企业中,那些对市场有更好的洞察力或拥有内幕信息的企业可以散布谣言,让其他市场参与者预期现货市场价格会发生变化,或市场供给或需求会发生变化。除了基于信息的市场滥用外,企业还可以用信号策略来操纵市场。如前所述,信号策略以一种隐蔽的方式进行,不披露发出信号方的身份或真正的信息来源。

131

(三)基于交易的操纵

基于交易的操纵与买进卖出资产有关,其中任何一笔具体的交易都不能被认为对公司的市值产生影响,但仍然能产生误导性的信息。这是余下的操纵行为的分类,包括通过双重交易操纵价格的行为。交易者们发现以下操纵行为可以获利:先下单,然后很快再反向下单,由此影响价格水平和交易量统计值。因此,市场参与者可以影响其他交易者借以决策的信息。此外,可以通过购入大量头寸来狙击卖空者。由于市场上头寸相对稀缺,卖空者面对上涨的价格被迫平仓。[11]

在 EU ETS 现货市场进行交易的企业可以用基于交易的操纵策略逼仓:在衍生品市场上买入一定头寸,要求卖家在未来交付 EUAs;然后在交割期到来之前在现货市场上抬高价格。通过这种方式,操纵者可以将其持有的 EUAs 以更高价格出售、获利。

(四)结语

即便没有确凿的证据表明在 EU ETS 二级市场的框架下存在操纵,但在理论上仍然是有可能性的。鉴于目前欧盟排放配额价格很低,欧洲碳市场成为操纵活动的目标还是件很渺茫的事。但是,其他那些价格较高的排放权交易市场应当在排放权交易设计中对操纵予以适当关注。

132

---

[11] 一个非常有名的逼仓的例子是所罗门兄弟 1990 年和 1991 年卖出中期国库券时的做法。所罗门兄弟在财政部的拍卖会上买入了一大笔中期国库券,卖空者无法结账,被迫和所罗门的经纪人以极其不利的价格进行交易。参见 Jordan 和 Jordan(1996)。

三、拍卖与操纵

本节讨论市场操纵行为在排放权交易体系拍卖的背景下怎样发生。我们发现，要让有关当局保护排放权交易市场，有效率的监督至关重要。[12]

如上一节讨论过的那样，EU ETS 的现货市场起初并无市场监督，因此公共执法机构无法察知市场操纵行为。由于担忧市场操纵的可能，因此引发了法律变革。在第三交易期，EU ETS 现货市场由欧盟立法加以规制。

无论从经济角度还是从政策角度，拍卖都是具有吸引力的分配机制。拍卖使出价者自行表露其对排放配额的估值。可以通过设计使拍卖机制确保配置效率。另外，在缺乏市场价格的情况下，拍卖使配额转让合法化，否则会遭到质疑。由于不需要耗时的谈判过程，所以拍卖是一种快捷的分配机制。由于拍卖能筹集资金，用于减少扭曲效应和福利降低的程度、降低税收（双重红利假说）和避免在政治上引发争议的意外之财，所以拍卖从政策角度看是具有吸引力的。可能是因为拍卖成了基于市场的政策工具的象征，所以文献中对可能削弱排放权交易拍卖的市场势力没有过多关注。

《欧洲拍卖条例》（欧盟委员会条例 1031/2010/EU）解决了多项法律和经济问题，如市场准入、分组的大小、拍卖的撤销和时间节奏等。立法者已经引入了处理市场滥用问题的规定。

由于相同的术语在不同社会科学学科中有不同含义，所以有必要更具体地讨论一下市场滥用行为。在《关于内幕交易和市场操纵（市场滥用）指令》2003/6/EC 的框架内，市场滥用用来指称内部交易和市场操纵。在《欧盟拍卖条例》中使用的市场滥用也是这个含义。要注意在产业经济学（讨论垄断和市场支配的经济学分支）中，"滥用"这个词要求企业在市场上有"市场势力"（支配地位）。在拍卖设计的语境下，滥用所引发的问题似乎要小一些。不过，要想用拍卖内策略（in-auction strategies）通过减少需求和发出信号来操纵价格，出价者规模的大小似乎是影响策略能否成功的一个因素。在本节中，我们使用"市场势力"这个词的时候，不是指在产业市场上提价的可能性，而是指在配额拍卖中的大型买家。

就配额拍卖而言，可能出现两种类型的市场操纵，即"减少需求"和"发

---

⑫　本节的另外一个版本曾在 Weishaar 和 Woerdman（2012）中发表。

出信号"（signalling）。"减少需求"指大企业少报其对配额的需求,以便能以较低价格购买配额。"发出信号"指企业在配额拍卖中就价格进行谈判的做法。这些策略不仅在拍卖中出现,在拍卖之前也会使用。按照《欧盟拍卖条例》的规定,我们用"市场操纵"这个词表明我们不考虑内幕交易,而只考察拍卖内的"减少需求"和"发出信号"。内幕交易不在拍卖机制设计的范围内。

本节讨论立法者是否妥善处理了在拍卖中可能出现的各种市场操纵形式。在这个过程中,我们首先使用一般的拍卖理论,从防止市场滥用的规制目标出发,评估立法机关对拍卖机制的具体设计选择。(第3.1节)因为已经选定的拍卖设计未能防止市场操纵,所以我们要对法律框架进行审查,确定关于执行和监督的规定能否有效解决市场滥用问题。(第3.2节)

(一)市场操纵和拍卖设计

本节讨论《欧盟拍卖条例》中所规定的拍卖机制设计是否能有效防止市场操纵。我们将这一设计方案与另一种设计方案进行比较。[13]

配额排放要服从《欧盟拍卖条例》。在条例中,立法者选择封闭出价单一价格拍卖,这种拍卖能防止出价者事后对其对手做出回应。条例所选定的这种拍卖方法意味着每个出价者支付相同的结算价。从配置效率的角度来看,确保单一市场价格的拍卖比序贯拍卖(sequential auction)更好,因为单一价格拍卖减少了对同种物品多付钱的价格风险。[14] 一般而言,如果某种分配形式不能确保估值最高的人获得拍卖物品的话,这种分配方式绝不是有配置效率的,因此这种分配方法也不是二氧化碳排放配额的可能首选。[15]

欧盟立法者所选择的拍卖机制有效地解决了在拍卖中可能出现的"信号发布"问题。封闭出价的拍卖不允许出价者在实际的拍卖过程中"商量"出价方案。就这种类型的"信号发布"而言,立法者已经做出了一个很好的选择。在 EU ETS 市场上,在拍卖实际开始之前所发生的"信号发布"当然

134

---

[13]　关于在 EU ETS 背景下对拍卖理论的详细讨论,参见 Weishaar(2009)。

[14]　Milgrom(2004),第256页。

[15]　在这种情况下,配置效率只能通过二级市场的有效操作来实现。

也在拍卖交易机制设计的范围内,下面来讨论这个问题。

但是,在存在市场势力的情况下,欧盟立法者所选择的拍卖方式容易受到"需求减少"的影响。竞买者为了影响结算价格,可以用"需求减少"策略购买少于实际需要的配额。如果得手的话,这会导致缺乏效率,[16]因为估值最高的出价者无法获得拍卖物品。[17] 大型竞买者最终赢得的配额过少,而小型竞买者最终赢得的配额过多。经济学家将这称为配置无效率。这种效率缺乏源于对物品估价最高的人在正确市场价格出现时却不去拍下物品。

另一种拍卖机制,即维克里拍卖,将能阻止"减少需求"策略。在维克里机制下,竞买者报出排放配额的价格;他们最终按结算价格时的数量获得配额,但只需按第二高的报价支付价款。由于有这样的分配和付款规则,诚实出价是竞买者的优超策略。出价决定着竞买者是否能买到物品,但不影响最终实际支付的价格。实际支付价格由出价第二高的竞买者决定,所以不受获胜的竞买者的影响。因此,如果竞买者想获得配额,必须根据其真实估值出价。这样的话,削弱配置效率的"减少需求"就不会出现。由于维克里拍卖也是一种封闭出价的拍卖机制,不允许拍卖时交换信息,因此也阻止了拍卖内的"信号发布"。在这个方面,其与欧盟的拍卖机制一样运作良好。

因此可以得出结论,就防止"信号发布"而言,两种拍卖机制同样有效。但是在存在市场势力的情况下,维克里拍卖更有效率,因为它能避免"减少需求"。在不存在市场势力的情况下,单一价格拍卖同样有效,而且有方便简洁的额外好处,能吸引小的竞买者。因此,哪种拍卖方式更为可取,取决于在拍卖市场上是否存在市场势力。至少有 10% 配额拍卖的 EU ETS 第二交易期,只有少数企业参与拍卖。2012 年,在两个最大的现货交易平台注册的参与者为莱比锡欧洲能源交易所 80 家,[18]巴黎 Blue Next 交易所 115 家。[19] 因此,拍卖市场的参与者似乎局限在一小部分竞买者中。这表明尽管 EU ETS 所使用的拍卖机制很简单,但相比于拍卖市场,EU ETS 所覆盖的 5000 多家排放者更加依赖二级市场和衍生品市场。竞买者数量少意味

[16] 缺乏效率是由不同的出价隐匿(bid shading)造成的,即有着相同边际估价的竞买者以不同数额降低他们的出价,使估值最高的出价者无法获得物品,参见 Ausubel 和 Cramton(2002),第 4 页。

[17] 例如,参见 Weber(1997),亦参见 Ausubel 和 Cramton(2002)。

[18] 参见 http://www.eex.com/en/document/87099/Emissionen_englisch.pdf。

[19] 参见 http://www.bluenext.eu。

着在其他条件都相同的情况下,竞争压力较小。因为在几个欧盟成员国,电力公司持有大量配额,在寡头垄断市场上运作,所以为防止市场扭曲,需要有有效的监督和执行机制。

(二)拍卖规制与市场操纵

本小节讨论《欧盟拍卖条例》中关于执行和监督的规定设计是否足够良好,能否有效解决市场操纵的问题。执行问题与下面要分析的三个问题有关:(i)不同执法机构之间的权限交叉;(ii)执法机制中潜在的无效率;(iii)公共执行和私人执行之间的微妙平衡。

权限交叉带来的无效率

当数个执法机构的职责密切相关时,可能因数个原因产生无效率。例如:重复工作;各机构认为其他机构会采取行动,因此自己按兵不动;两个或多个机构在同时在一个监管领域谋求主导地位时候的争抢地盘;监督不完整;信息流不完整。《欧盟拍卖条例》把遏制市场操纵的任务分配给数个机构,各自以不同方式为这一任务贡献力量。这些机构是英国、波兰和德国指定的三个国家级拍卖平台。将在欧盟范围通过公共采购程序遴选的拍卖平台;一个拍卖监督处,数个监督金融部门的国家机构;[20]以及欧盟委员会。

尽管机构数量众多会导致权限交叉问题,欧盟的立法者仍然通过选择立法文件来减少由此带来的无效率。《欧盟拍卖条例》采用了条例的形式,因此可以普遍使用,且其全部内容均具有法律约束力。[21]许多相关的执行性规定采取指令的形式,在执行方面赋予成员国很大的自由裁量权。[22] 一方面,《关于金融工具的指令》2004/39/EC[23]规定了在违反该指令时处理市场滥用问题的权限;另一方面,《关于内幕交易和市场操纵的指令》2003/6/EC[24]规定了相关当局有权处理市场操纵行为。如果成员国准备明确相关

---

[20]　这些是根据《关于金融工具的指令》2004/39/EC、《关于内幕交易和市场操纵(市场滥用)的指令》2003/6/EC、《关于防止利用金融系统洗钱和资助恐怖主义的指令》2005/60/EC赋予职责的相关国家当局。本处不讨论各有关当局根据最后一个指令所承担的职责。

[21]　《欧洲联盟运作跳跃》第288条。

[22]　尤其是参见《关于金融工具的指令》2004/39/EC和《关于内幕交易和市场操纵(市场滥用)的指令》2003/6/EC。

[23]　参见指令2004/39/EC,第50条。

[24]　参见指令2003/6/EC,第12条。

137　国家当局的职责权限的话,这种权限交叉是可以避免的。成员国还可以指定单独一个主管机关负责执行两个指令的相关规定。通过这种方法,可以避免两个主管机关都采取行动或都觉得自己没有责任立刻采取行动所导致的无效率。

　　我们还应该考察,是否这种交叉的权限产生了某种一个机关能对市场进行整体监督的执法机制。在这种情况下,各主管机关之间的信息流动至关重要。为了确定任何机关是否有能力保证能查到市场操纵,不仅需要克服各拍卖平台和国家主管机关之间的信息鸿沟,执法机关还必须获得与配额拍卖市场和二级市场有关的信息,以及与相关产业部门自身有关的信息。

　　各国主管机关从各排放平台、㉕其他国家机关㉖和出价者㉗那里获得信息。立法者为了促进相关主体之间的合作,充分规定了信息交换义务。拍卖监督处为了起草报告,㉘需要通过拍卖平台获知所有可疑的市场操纵行为及平台已采取的措施。㉙拍卖监督处直接从四个拍卖平台收到有关可疑市场操纵的信息。因为拍卖平台与竞价者自身有着密切的交易关系,所以可以预期,拍卖监督处对整个拍卖市场有很好的总体把握。

　　但可能有人质疑,拍卖监督处的体制设计是否良好,能否有效查知市场操纵。拍卖监督处能获得拍卖的信息,并且可以请求从相关国家主管机关那里获得信息,㉚但拍卖监督处可能没有关于二级市场交易和企业的具体
138　需求的信息。而这些信息对于确定企业是否采用了"减少需求"策略是非常重要的。

　　人们还认为,拍卖监督处可能无法密切注意企业和行业协会关于在各成员国业务展望的各类公告。这意味着拍卖监督处既没有竞买者需求的必要信息,也没有其经营展望和公告的信息,而这些信息对于确定竞买者购买的配额是否少于实际需求或竞买者是否使用有误导性的信号战术都是非常关键的。

　　还应当注意的是,排放配额的二级市场是分散化的,各种交易可能性都

㉕　参见《欧盟拍卖条例》第56条。

㉖　信息保密并不构成信息传递的障碍,参见《欧盟拍卖条例》第62(6)条。

㉗　同上,第42(5)条。

㉘　拍卖监督处要起草下列报告:每一次拍卖的报告,年度综合报告,应委员会与成员国要求起草的专门报告,发生违反《欧盟拍卖条例》时自行起草的报告(参见《欧盟拍卖条例》第25条)。

㉙　《欧盟拍卖条例》第56(2)条。

㉚　同上,第53条。

有:交易可能发生在能源交易所,可能通过中间商和私人合同进行,可能涵盖配额和期货。目前,只有期货在 MiFID 的监管范围内。[31] 尽管根据欧盟委员会最新修改 MiFID 的建议,排放权配额也将为 MiFID 所覆盖,但这会使有效监管企业行为非常具有挑战性。[32] 因此我们需要追问的是,作为负责监督 EU ETS 拍卖中市场操纵行为的机构,拍卖监督处是否应该和各国主管机关、特别是按照指令 2003/6/EC 指定的机关以及各国的竞争监管机关有太密切的联系?人们可能会问,除了由拍卖平台在发生类似拍卖价格异乎寻常的低时直接发出危险信号这样的做法之外,怎样发现大规模的市场滥用?[33]

执法计划中的无效率

根据《欧盟拍卖条例》,赋予各国主管机关对市场操纵采取执法措施的广泛权力。允许拍卖平台在不征求各国主管机关意见的情况下独立采用行动。[34] 各国主管机关根据指令 2003/6/EC 和指令 2004/39/EC 所享有的执法权基本是一样的。根据这两项指令,授权各国主管机关至少拥有以下权力:(a)要求停止任何违反指令的行为;(b)命令暂停配额交易;(c)命令冻结和/或扣留财产;(d)临时禁止职业活动。[35] 此外,为强制确保交易主体守法合规,可以根据各成员国法律处以刑事处罚和行政处罚。当然,主管当局也有获取信息和开展调查的权力。

然而,不仅主管当局有权采取行动应对市场操纵,拍卖平台自身也有权采取措施。这些措施包括在请示欧盟委员会同意后设定最大竞买量,以及采用任何必要的救济手段有效减少市场操纵带来的实际或潜在的风险。[36] 欧盟委员会也可以征求成员国和拍卖监督处的意见。对于拍卖平台采取的行动,有司法审查机制,有上诉权。[37]

因此有人会感到疑惑,如果四个拍卖平台能在各国主管机关之外独立

139

---

[31] Diaz-Rainey,Siems 和 Ashton(2011),第 13 页。

[32] 参见 COM(2011)656 最终文件,2011/0298(COD),附件 I,C 节,第 4 点。这项建议正提交给欧洲议会进行一读。预计日期定在 2013 年 10 月 8 日。

[33] 参见《欧盟拍卖条例》第 7(6)条和第 7(7)条。拍卖平台被授权制定旨在发现和防止市场操纵行为的结构性规定。[第 42(2)条]尽管在这里,信息同样只能来自拍卖平台,并且不包含企业真实需求的信息。

[34] 同上,第 57 条。

[35] 指令 2003/6/EC,第 12 条;指令 2004/39/EC,第 50 条。

[36] 《欧盟拍卖条例》第 57 条。

[37] 同上,第 64 条。

采取行动的话,怎样在国家的法律体系和四个拍卖平台之间发展出一套有效率的执法机制。在 EU ETS 拍卖中,可能无法连贯和有效地执行市场滥用规则。但是,从积极的角度来看,我们非常高兴地看到对拍卖平台采取的措施必须要有争端解决机制,并且还可以进行司法审查。这或许有助于减少错误成本,可以对一些过分的措施进行事后矫正。

公共执行和私人执行混合中的无效率

根据《欧盟拍卖条例》对市场操纵采取措施时,仅限于公共执行的形式。私人当事方的作用限于向公共执法当局提供他们所了解的市场操纵的有关信息。[38] 通常来讲,我们对此种做法的评价是负面的,因为没有能发挥私人主体的重要见解及执法积极性来防止市场操纵。但是,在《欧盟拍卖条例》中,如果我们不仅分析拍卖中的"减少需求",而且分析二级市场上的"发出信号",得出的结论就会有微妙差别。

我们首先考察拍卖中的"减少需求"。在产业市场上,企业如果遇到市场操纵行为,会蒙受损失,因此有提起法律诉讼的动机。但在 EU ETS 拍卖中,情况不同。参与配额拍卖的企业如果遇到"减少需求",可能会从中受益。如果企业采取"减少需求",则与其竞争的竞买者也可以支付较低的拍卖价格。在这种情况下,这些有竞争关系的竞买者没有直接动机向拍卖平台提供市场操纵的信息。因此,对于向国家主管机关报告可疑操纵行为的义务不仅要有处罚,还要有监督,否则不可能奏效。不管怎样,在实践中这种义务非常难以执行。

尽管对于"减少需求"而言,前面的论述可能属实。但是对于二级市场上而不是在拍卖中发生的"发出信号"而言,情况可能有所不同。准备在二级市场上卖出排放配额的企业可能会诱使其他市场参与者相信市场价格会上涨。期望的改变不仅会影响到二级市场,也会影响到拍卖市场。无论在二级市场上还是在拍卖市场上,市场参与者都愿意为排放配额付更多的钱。在这种情况下,私人企业从市场操纵中蒙受损失,而如果在执法过程中赋予私人主体某种地位,将有助于执法。除了让私人主体有义务向国家主管机关报告可以的市场操纵行为外,允许企业就所遭受的损失索赔是一个更积极的刺激因素,可能会更有效率,尤其在公共机关不能或不愿意进行调查的时候。从《欧盟拍卖条例》中看不出有什么讨回损失的可能性,这种可能性来自根据欧盟竞争法和各国法律所采取的私人执行索赔。

㊳　同上,第 42(5)条。

尽管在"减少需求"的情况下，如果没有详细的激励机制，来自有竞争关系的配额竞买者的私人执行可能不会成功，但发生在二级市场上的"信号发布"中，私人执行可能是公共执行非常重要的盟友。因此应当保障私人主体在探查和起诉市场操纵行为的激励机制。

（三）结语

本节已说明，如果所选择的拍卖设计不能阻止各种形式的市场操纵，那么法律框架的重要作用就在于确保有效的监督和执行，以防范市场操纵。排放权交易体系的设计者因此应对市场的监督结构予以适当关注。我们在欧盟立法中发现了数个无效率之处。这与执法机构的职能交叉、执法机制的不一致和公共执行与私人执行之间的不平衡有关。在成员国层面上执法时，可以避免一些无效率之处。对于排放权交易的设计者而言，把在欧盟所揭示出来的挑战考虑进去并努力避免之，是一件颇有裨益的事情。

四、有记录的市场异常行为

欧盟排放权交易市场是一个巨大的市场。当然，其市场规模和配额的交易值是发生变化的。欺诈案件也表明，即便配额价格很低，EU ETS 的价值显然也足以吸引犯罪分子的注意。一旦犯罪分子开发出犯罪手法，他们可以在其他排放权交易体系里重施故伎。因此排放权交易的设计者要密切关注欧盟的经验。EU ETS 已经遭受数种欺诈行为荼毒，其中有些构成犯罪，有些不构成犯罪。本节中讨论三种市场异常行为，包括增值税（VAT）欺诈、排放配额盗窃和成员国的不当行为。以下依次讨论。 142

（一）增值税欺诈

增值税欺诈一般发生于价值高、体积小的物品中。这些物品易于运输，获利丰厚。排放配额在数分钟内便可在欧盟内转账，而且由于市场流动性，易于买卖。欧盟排放配额的增值税欺诈发生于 2008 年夏天至 2009 年。

为了进行增值税欺诈，欺诈者利用了当在一国之内购买货物时需缴纳增值税,但如果货物出口的话则不需缴纳增值税这一点。EU ETS 中的欺诈者利用这一点的方法是:在某国,比方说荷兰,购买配额,不缴增值税,然后卖给法国的买家,但不向法国税务当局缴纳此次交易应缴的增值税。此种行为通常被称作"贸易商失踪欺诈法"(MTIC)。为了多赚钱,欺诈者们会在法国购买排放配额,再出口到荷兰。如果欺诈者在法国为排放配额缴纳过增值税(或声称自己缴纳过),他可以在出口配额时要求法国财政部退还增值税。这种循环骗税法可以在其他国家再度实施。

除了给国家财政带来的明显的损害之外,这种行为对交易量有影响,因此会扭曲价格。尼尔德和佩雷拉[39]报告称在欧洲最大的 EUAs 现货交易所——位于巴黎的 Blue Next 交易所——在欧盟排放配额欺诈行为的高发期,交易量增加了85%。

由于增值税欺诈,法国当局不得不停止交易,将排放配额从增值税征税范围中移除出去。荷兰使用了另一种防止增值税欺诈的方法,荷兰当局使用了一种反向收费系统,不是由卖家、而是由买家向政府缴纳增值税。修改的《增值税指令》[40]授权各成员国为防止 EUA 市场上的增值税欺诈,可以使用这种反向收费系统。

143

(二)盗窃

EU ETS 排放配额市场的另一个问题是发生过数次的配额盗窃。从2010 年 1 月开始,欺诈者假装成注册管理人员,引诱对此没有怀疑的受害人登记其账户信息,然后利用这些信息从受害人的账户中偷走配额。这种"网络钓鱼"在多地发生过——德国、罗马尼亚、意大利、奥地利、捷克共和国和希腊均有报道——最终导致 EU ETS 市场在 2011 年 1 月 19 日暂停全部交易。如果各成员国能向欧盟委员会证明他们已经至少采取了能防止进一步网络钓鱼攻击的最低安全标准,其国家登记系统可以开始交易。

即便被盗窃的配额数量很低(大约占未上缴的 EUA 配额的 0.003%),而且许多配额最终能物归原主,盗窃仍然带来了很大的问题。尽管每一单

㊴　Nield 和 Pereira(2011)。

㊵　2010 年 3 月 16 日欧盟理事会指令 2010/23/EU;亦参见 2013 年 7 月 22 日欧盟理事会指令 2013/43/EU。

位的 EUA 均有序列号,但不是所有配额最后都能追回来。

　　因此,配额购买者无法确定所购买或持有的配额是偷来的还是合法的。考虑各成员国不同的物权法体系,购买者是否能获得其买来的配额的所有权,存在不确定性。EU ETS 迅速做出回应,提供了检测工具和交易条件,使企业在购买时有更多的安全保障。尽管有这些改进,现货市场的交易水平仍有大幅度减少,在很长一段时间内一直低迷,而且传到衍生品市场上。在衍生品市场上,期货价格中会包含对法律风险的定价。[41]

(三)国家行为

　　另一个对 EU ETS 的市场稳定性和消费者信心的冲击发生在 2010 年 3 月。匈牙利政府把已经由本国排放设施上缴的 170 万吨 CERs 转化成 AAUs。这些 AAUs 由匈牙利政府以合法方式售出。由此对 EU ETS 的履约 144 买家或交易商带来的风险是,这些 AAUs 会折返售卖到欧盟市场上。当然,这些配额已经为履约目的上缴过,所以不能在 EU ETS 框架内再度用于履约。所以这些 AAUs 的买家担心购买了不能用于履约的排放单位。匈牙利政府的行为符合欧盟法,但却有损 EU ETS 的声誉,并导致了重复计算问题。欧盟规则进行了修正,有效弥补这个法律漏洞。因此排放权交易体系的设计者应在与其他司法管辖区建立联系时,密切关注法律细节。

(四)结语

　　尽管这些欺诈和盗窃配额的行为导致了经济损失,并且使公众、政策制定者和国际气候变化论坛的谈判者对 EU ETS 产生怀疑,但这些行为并未损害 EU ETS 的完整性。

　　完全防止欺诈和配额盗窃是不可能的。在第三交易期使用的集中化的委员会交易日志比各国的国家账户受到更好的保护,但其中仍然有利可图,因此会遭到更多的网络攻击。

　　如果排放权交易体系设计为包括多个司法管辖区或与其他交易体系连

---

[41]　参见 Nield 和 Pereira(2011)。

接,增值税欺诈会在欧盟之外发生。排放权交易体系的设计者因此要考虑怎样防止这类欺诈。方法之一是对排放配额免征增值税,或让配额的买家缴税。

为了避免此种违法行为,排放权交易体系的设计者应当设定严格的安全措施,阻止欺诈者开设交易账户。排放权交易体系的设计者还可以考虑引入销售配额的强制时滞制度。这会有助于降低被盗的配额在交易体系内分散转移的速度。此外,应当建立集中化的反应机制,防止与排放权交易体系有关的各司法管辖区未经协调采取行动。另外,排放权交易体系的设计者应澄清排放配额财产权的法律属性,使被盗配额的法律处理统一且具有可预测性。统一与盗窃配额有关的刑法和刑罚会有助于防止不同司法管辖区之间的网络攻击。从上述例子中可以看出,市场参与者需要保护。排放权交易体系设计者的职责就是提供保护。

五、结论

本节讨论了排放权交易体系设计中一个容易被低估的问题:市场。在排放权交易的背景下,人们通常对市场有积极评价,认为市场是在存在不确定性和监管者与覆盖实体之间信息不对称的情况下能产生有效率的结果的一种工具。或许是因为这个原因,政策制定者和学术界直到最近才领悟到排放权交易市场和其他市场并没有太大的不同。排放权市场需要更为严格的规则,方能有效运作。

本章集中于欧盟的现货市场。本章指出,即使像 EU ETS 这样的大型市场,也会有操纵存在。目前尚无关于市场操纵的确凿证据,而且目前非常低的配额价格对市场操纵没有太大吸引力,但操纵的可能性依然是存在的。在建立市场的监督机制时,排放权交易体系的设计者应当把这些问题考虑进来。欧盟花了很长时间才提出法律应对市场操纵问题。排放权交易体系的设计者应当从中汲取经验,从一开始就建立完善的机制。

本章第三节从易受操纵和滥用的角度讨论了 EU ETS 的拍卖。我们发现所选定的拍卖设计非常简洁,而且从理论上说应当能吸引大量的竞买者。但是在实践中却不是这么回事。只有少量的排放企业实际参与配额拍卖。由于这个原因,只有少量竞买者出现在拍卖中,大型拍卖者可以利用这种情势,用"减少需求"的策略以支付较低价款。EU ETS 所选定的拍卖机制无法应对此种情况。今后拍卖机制中应建立有效的监督机制,避免此类滥用行为。在 EU ETS 拍卖体系中,我们发现存在多个缺陷,分别与职能交叉、执法机制和公共执行与私人执行的混合有关。因为我们鼓励排放权交易体系的设计者对有效能且有效率的市场监督这一技术领域予以更多关注。

最后,本章讨论了最新的欺诈案件。这些案件削弱了配额市场的可信性。排放权交易体系的设计者应针对盗窃和欺诈采取足够的预防措施。他们同时还应建立清晰的规则,规定排放权交易体系的参加国对于收到的上缴配额应当怎样处理。在这个领域,任何法律空白都会削弱排放权交易体系原初设计时所追求的环境效能。146

鉴于上述,我们认为对于排放权交易的设计者而言,EU ETS 是一个可资学习的丰富领域。与二级市场有关的问题不应被无视或轻视。毕竟排放权交易体系设计者的任务是建立必要的法律框架,繁荣排放权交易市场,确保排放权交易市场能以成本效率的方式减少温室气体排放。147

第七章　执行问题三：排放权的操作层面

一、导论

　　排放权交易体系由排放权初始分配、交易和上缴的规则组成。但这只是其中的一部分。排放权交易体系的设计者还需要考虑其他领域，因为排放权交易体系需要建立在一个更为广阔的管理规则和体系的框架之上，这样排放权交易体系才能开始运作。本章讨论与支持排放权交易体系运作的这些制度有关的问题。本章讨论的问题涉及监测、报告与核证（第二节）、国有企业（第三节）和交易日志（第四节）。下面依次讨论。

二、监测、报告与核证

　　监测、报告与核证（MRV）既是排放权交易体系运作的核心，也是其发挥作用的先决条件。排放权交易体系建立在根据各排放者上缴配额义务的基础上。为了确定要上缴多少配额，需要实际排放的数据，这一数据是由 MRV 过程提供的。不履行上缴义务会导致惩罚。惩罚能激励企业将来履约。

　　毋庸多言，为了让排放权交易市场有序运作，市场主体必须对运作过程有信任和信心。因此 MRV 的规则必须遵守完整性、一致性、透明度、信任和真实等重要的法律原则。① 排放权交易体系所覆盖的实体通常有义务保证在其排放量的确定过程中无系统性或故意为之的错误。为了保证排放的测量和计算尽可能达到最高的精确度，需要进行尽职调查。② 排放权交易体系所覆盖的实体有义务保证上报数据的完整性，有义务使用适当的监测方法学为确定排放额提供支持。

实际监测是 MRV 中不可分割的部分。MRV 规则因此会规定允许使用的监测方法学以及更细的部门规则。EU ETS 就是一个明显例证。对于固定设施有两类方法学。一种是基于计算的，另一种是基于测量的。基于计算的方法学通过源头流量——通过特定的燃料种类、原材料或含碳的产品——来确定排放量。燃烧排放通过将活动数据与燃料数量相乘获得。③ 基于测量的方法学通过连续监测系统的方法确定排放量。④

排放者必须考虑所有相关方面，包括监测设备的地址、其校准精度和测量值、质量保证和质量控制。⑤ 基于测量的排放值必须通过基于计算的方法学予以证实。⑥ 此外，还有规则规定，测量必须按照特定要求、由经过核证的实验室进行。当然，还有关于数据汇总和怎样处理数据缺漏的具体规则。

对 EU ETS 中的航空部门而言，有专门的监测方法学。每架飞机的运营商要通过将年度燃料消耗量和相关的排放系数相乘确定其年度二氧化碳排放。通过这种方法，来测量每个航班消耗的燃油和包括辅助动力单位消耗在内的其他燃油消耗。⑦

排放监测计划考虑了排放设施或运输方法的性质和功能，并且必须得到主管机关的批准。每个排放者都有义务按排放监测计划进行监测。这一点十分重要。⑧ 监测计划中包括对所使用的方法学的详尽、完整、透明的记录，并辅之以风险评估。⑨

149

---

① 参见 Jakob-Gallman(2011)，第 81 页。

② 参见 2012 年 6 月 21 日欧盟委员会《关于按照欧洲会和欧盟理事会指令 2003/83/EC 进行温室气体检测与报告的条例》(EU) 第 601/2012 号第 7 条。

③ 同上，第 2 节。

④ 同上，第 3 节。

⑤ 同上，第 3 节，第 42 条。

⑥ 同上，第 46 条。

⑦ 同上，第 4 章，第 52 条。

⑧ 同上，第 11 条。

⑨ 同上，第 12 条和附件 I。

还必须建立数据管理和控制的相关要求。排放者有义务为监测和报告温室气体排放建立、记录、执行和维持数据流活动的书面程序。他们必须确保年度排放报告基于不包含错误陈述的数据流活动,遵守监测计划、书面程序和委员会条例 601/2012。[10] 与此类似,排放者有义务确保数据质量,维持质量控制体系。[11]

排放报告必须经过核证。核证要用有效和可靠的工具确保控制程序的质量,且应服务于改进排放的监测和报告。[12] 核证者需要经过认证批准,以确保对报告的核证系由具有必要技术能力的实体以独立和中立的方式,完全按照条例规定进行。

MRV 的一个主要问题是数据的精确性。特别是如果在 MRV 中涉及数个主体乃至数个司法管辖区的话,MRV 做法的不同会导致排放主体的义务或多或少,这又使竞争扭曲。[13] 考虑到 MRV 是一个非常具有技术性、非常复杂的领域,"魔鬼"常常就在细节中。同样的排放实体必须同样对待和评估。如果不能保证这一点,排放权交易就无法带来有成本效率的减排。原因在于排放者的相对位置(无论排放者所持有的配额是过剩还是缺乏)被扭曲了。交易有助于轧平仓位。但是,如果其位置定得不准确,就会导致错误的减排决策。结果是整个社会遭受损失。

与命令与控制型工具相比,排放权交易给被覆盖的实体赋权。因此,毫不意外的是,MRV 过程对排放权交易体系所覆盖的实体发挥着关键作用。但是,MRV 非常强调自我检测和自我报告,因此需要有发达的检查和执行体系。这使一个可能比命令与控制工具更为严格的体系成为必要。[14] 但是需要指出的是,我们不应当想当然地认为公务人员是廉洁的,也不应想当然地认为参与监测与核证的人员是廉洁的。数据和报告都有可能被"篡改"。如果涉及公司很大规模的成本的话,可能会发生非法行为。

在监测、报告与核证有关的另一个关键问题是要求数据高度精确所带来的额外的经济费用。这意味着要在监测成本和数据准确性之间进行权衡。可能人们会认为,较为理想的做法是不要去监测每个排放,而是设定一个较高但并非完美的数据精确度和完整度。如果不同类型温室气体的监测

---

[10] 同上,第 57 条。

[11] 同上,第 58 条和第 59 条。

[12] 同上,第 6 条。

[13] Zwingmann(2007),第 140 页,亦参见 Peeters(2006),第 183 页。

[14] 关于此点参见 Peeters(2006)。

成本差别较大的话，在面临过高昂的行政和监测成本时，仅监测有限几种气体是有效率的做法。

三、市场运作（国有企业问题）

排放权交易体系基于市场力量的作用。排放权交易体系是有成本效率的减排方式，让污染者自己决定谁的减排成本最低，谁根据各自的价格诱因采取减排行动。但是，如果决策者的结论要考虑排放配额价格之外的因素的话，价格诱因可能无法让减排成本最低的排放者采取减排措施。当政治家和产业之间的关系过于密切时，可能发生这种情况。政商关系密切的例子就是日本的铁三角（数年之前商界、官僚和政治家的关系越发密切）和中国的国有企业。

例如，在国有企业的情况下，可以想见关于减排技术的投资决策不仅基于市场考虑，而且也部分的受到其他政策因素的影响，包括（区域）繁荣和创造（区域）就业。在这种情况下，即便其他企业进行减排更有效率，国有企业可能仍然会投资减排技术。毕竟在中国的试点项目中，达到碳排放强度指标是一个非常重要的政策目标，如果不能通过市场达到目标，那就通过影响国有企业的决策过程来达到。这种对市场价格机制的类似命令与控制的影响会导致缺乏配置效率，削弱排放权交易体系的成本效率。与此类似，某家国有企业可能被要求从另一家国有企业那里按其在正常情况下不会接受的条款（实际上是构成一种补贴）购买排放配额，以便对该企业在财务上予以支持。就其产生的效率下降而言，这种影响的后果和前面的情况是类似的。

在国有企业或者受到高度规制的产业中产生的另一个关键问题，是企业不能随着生产成本的增加涨价。涨价是将碳成本内部化的一种基本方法，涨价取决于需求价格弹性和供给价格弹性。但是行政指导或直接价格管制可以阻止涨价。如果由于这种原因，价格未能上涨，受影响的企业的盈利能力会下降。因此该企业还需要在减排技术方面做更多投资，以弥补利润的下降。此外，不涨价也无法鼓励消费者减少对环境有害的活动。

因此，干预市场价格机制自由发挥作用会严重影响排放权交易体系的效率，排放权交易体系的设计者和政策制定者应当考虑避免这一点。观察在其他政策目标对企业家的决策有重要影响的经济体中排放权交易体系怎样运作，是一件有趣的事情。

四、交易日志

排放配额以电子方式存在。当事方之间的交易因此必须记录在电子数据库中,通常称为"登记簿"。登记簿的任务是确保准确簿记及保留发放配额和排放者持有、转让、购买、注销、上缴配额的记录。[15] 交易日志是所有排放权交易体系的关键部分,为跟踪和监测交易提供了基础。因此,登记簿对于确保排放权交易体系的运作及其环境完整性非常重要。如果允许上缴的配额重新进入市场(重复计算),会破坏排放权交易体系的环境完整性。[16]

在国际层面上,有所谓的国际交易日志(ITL)。[17] 国际交易日志由《联合国气候变化框架公约》下的相关机构进行运作,记录《京都议定书》附件B国家的国家登记簿以及 CDM 登记簿之间的交易。CDM 登记簿由《联合国气候变化框架公约》秘书处管理,持有新签发的核证减排量(CERs)。[18] 通过国际交易日志,UNFCCC 能确保在《京都议定书》框架内发生的交易的有效性。各国要想使用 CDM 机制,必须在国际交易日志内有登记簿,并且其国家登记簿必须能与国际交易日志联通。

直到最近,欧盟成员国登记簿才由欧盟独立交易日志(CITL)连接起来。EU ETS 的第二交易期(2008~2012 年)和京都承诺期重合。在 EU ETS 第二交易期,成员国的登记簿也作为供国际交易日志使用的登记簿。[19] 在第三交易期(2013~2020 年),成员国的国家登记簿和 CITL 会被一个覆盖欧盟范围的登记簿——欧盟交易日志(EUTL)——所取代。当然,欧盟成员国将能继续参加国际交易日志,这使它们能获得 CERs 和 ERUs。[20]

EU ETS 引入了一些限制,赋予 EUAs 一些属性,使其不同于《京都议定书》之下的 AAUs。在京都承诺期内,EUAs 是从欧盟成员国的 AAUs 中产生出来的。因此转化为 EUAs 的 AAUs 需要加上额外的信息标签,以区别于普通的 AAUs。如果没有额外的信息,这种转化无从发生,EU ETS 也无法

---

[15] 本节基于 Jakob-Gallman(2011),第 24 页。

[16] "重复计算"的风险发生在匈牙利合法地将已经上缴的京都排放配额卖给第三国时。这个问题在第六章解释过。

[17] 参见 Decision 13/CMP.1,附录,第 38 段。

[18] 同上,附件 D。

[19] 参见 Jakob-Gallman(2011),第 84 页。

[20] 参见指令 2009/29/EC 第 19(1)条。

与《京都议定书》相区别。[21] 排放权交易体系如果想对配额质量进行限制，需要建立登记簿系统，能管理这类信息。

交易日志最重要、也是最明显的一个要求，是交易日志必须准确，而且能抵御欺诈和网络犯罪。如果交易要在数个登记簿中流转，或者交易日志和另外数个登记簿相连接，都会影响数据的准确度，因为这会增加错误的可能。同时，与不同的交易日志连接会增加登记簿在欺诈和网络犯罪面前的脆弱性。在发生了针对国家登记簿的网络攻击以后，EU ETS 内于 2011 年夏暂停，直到成员国能向欧盟委员会证明其国家登记簿已经采取了足够的安全防范措施。在建立交易日志或与其他交易日志进行连接的时候，操作安全及防范欺诈或网络犯罪应当是排放权交易体系设计者的首要考虑因素。

交易日志在本质上是电子数据库，包含了交易的详细信息。为了让大家简单了解交易日志中包含的信息种类，我们介绍一下 CITL 中包含的一些关键要素。在第一交易期开始的时候，CITL 包含配额取得账户和交易账户的账户持有者的信息。然后，CITL 把企业的持有账户的信息和排放设施联系起来。参与 EU ETS 的银行、中间商和非政府组织使用个人持有账户。对拥有多个排放设施的企业来说可以便利地使用这些账户，因为这些账户使企业能够在一个地方管理其分配到的配额，方便其配额交易活动。国家登记簿用持有账户为排放设施增加配额分配、扣减其排放，以及发放新进入者储备（New Entrance Reserve）。[22]

除了账户持有人的类型以外，配额取得和转让账户持有人的姓名也要注册，在大多数情况下，用的是公司、排放设施或公司在 EU ETS 代表的名字。一个账户持有人的名字可能用于多个企业持有账户或个人持有账户。对于取得和交易账户来说，还有识别代码。CITL 中还包括取得和交易账户的识别码、所涉及的国家登记簿、每笔（现货）交易的编号和时间戳，所转让的配额的数量和编号。EU ETS 总量内的每一吨二氧化碳配额都有编号。交易按批次来记录。通过开始的编号（如 100000）和结束的编号（如 105000），可以推断出交易数量（5000 配额）。计算结果就是交易过程中配

---

[21] Bazelmans（2008），第 300 页。

[22] 在 2005 年和 2006 年，CITL 限制使用两种国家登记簿账户：退出账户和自愿撤销账户。但是，按照 CITL 的规定，还有更多的账户类型：非京都账户、超额保障撤销账户、强制撤销账户、净排放源撤销账户、非履约撤销账户、tCER 到期替换账户、tCER 逆转存储替换账户、lCER 未上交核证报告替换账户、lCER 逆转存储替换账户和自愿撤销账户。

额开始和结束编号的不相交集。由于各批配额不大可能（通过某一批的结束编号和另一批的开始编号）合并回去，所以随着交易越来越频繁，批次的规模只会越来越小。因此，一次转让需要由多个小的批次组成。这是一个潜在的错误来源。它也使利益相关方能通过系统追踪配额的流动。无论是从隐私的角度还是在配额被盗情况下市场效率的角度，人们都认为这种做法不可取。目前配额编号的做法已经被废止。

一开始的时候，企业在 EU ETS 的代表的姓名和联系方式可以通过 CITL 查到。这又带来了隐私方面的问题，导致欧盟委员会删去了代表的姓名和（部分）联系方式。但是，对于从设施账户（企业持有账户）进行的交易，排放设施的名字、地址、邮编、城市和国家可以通过查询获得。

排放设施属于具体的产业部门，按照产业活动代码进行分类，归属于不同的产业活动类别。在 EU ETS 第一交易期，这些产业活动是："燃烧、矿物油提炼、炼焦炉、金属矿石冶炼、生铁/钢制造、水泥制造、玻璃、陶瓷、造纸和纸浆，及剩余其他类别。"[23]近年来，越来越多的产业部门加入 EU ETS，产生了更多的活动类型：航空器操作以及己二酸、氨水、散装化学品、炭黑、氢与合成气、硝酸、生铝和再生铝、苏打粉和小苏打、石膏和石膏板的生产。由于每个生产设施只归属到一个代码名下，这可能不足以提供各设施的温室气体排放源的准确信息。这种编码也不适合用来编制基准线。制定基准线需要更详尽的信息。这种更详尽的信息可以通过产业分类代码来提供（第三交易期的基准线分配部分地基于这种产业分类编码，下面会做讨论）。除上述信息以外，登记簿当中还包含批准参与 EU ETS 的信息。这种批准采取的形式是批准标记和批准时间，大多数情况下每个排放设施都有一个单独的批准号。

在与其他交易日志建立连接时，除了对欺诈的脆弱性和对错误的敏感性以外，其他交易日志的许多设计问题更要予以考虑。在建立排放权交易体系时，需要制定关于抵消和其他排放配额的规则。此外，还要确定交易的信息要求。如果某一交易日志的所含信息与拟连接的交易体系所包含的信息不兼容的话，连接会很困难。要确保交易日志之间的信息完全兼容。

各种交易日志应当使用一种共同的脚本，由于不同的语言使用不同的字符，这一点并不容易做到。要想让计算机系统发挥作用，不同登记簿之间的信息必须易于读取和转换。由于欧盟成员国使用不同语言的脚本，CITL

㉓　Zaklan(2013).

中数据的兼容性势必成为一个问题。

　　另一个可能阻碍排放权交易体系的运作和连接的问题，是建立登记簿颇为耗时。在启用之前，必须经过检验，完全能正常运作。系统故障会削弱市场参与者对排放权交易体系的整体信心。在 EU ETS 中，有数个成员国未能及时建立起国家登记簿（如波兰的登记簿是从 2006 年开始运作的），[24]因此只能推迟运作。这告诉我们，建立排放权交易体系之间的"互用性"也是颇为耗时的。如果各登记簿中没有储存应当包含的信息，也会损害登记簿或交易日志之间的"互用性"。在 EU ETS 第一交易期，奥地利和希腊的登记簿就是这种情况。[25]

156

　　在设计交易日志时，不仅应考虑排放权交易体系现在的需求，更应考虑未来的需求。排放权交易体系自身的变化或与其他体系连接的需要决定着排放权交易体系的未来需求。容许交易体系发生变化的方法之一是在电子数据库中包含产业分配代码。通过这种方法，可以有助于将来的分配方法变为按基准线法进行的免费分配或者对贸易竞争型部门给予更为优惠的待遇（防止碳泄漏）。但是，在和其他交易日志进行连接的时候，需要注意的是不同国家使用不同的产业分类代码（如欧共体经济活动术语 NACE，北美产业分类体系 NAICS，标准产业分类代码 SIC）。除非各国所使用的分类实际上是一致的，否则要投入精力，为各部门及子部门建立可比的分类体系。

　　从上可以推知，交易日志中包含的数据至关重要，排放权交易体系的设计者需要设计有效和强健的交易日志，以应对未来的挑战。但是，还有另外两个重要问题需要讨论。这两个问题是信息安全与隐私，以及配额交易研究。

（一）信息安全与隐私

　　关于排放配额使用和交易的信息是商业敏感信息，因为这些信息能让竞争对手更好地了解竞争者的战略定位、现金流和生产设施。因此，企业在保护此种信息和限制其传播方面，有着合法的利益。在欧盟，CITL 中所包含的信息要推迟五年公布。

---

[24]　波兰登记簿在 CITL 注册的第一笔交易是在 2006 年 7 月 10 日。
[25]　参见 Zaklan（2013）。

数据库结构的选择会让配额卖家和买家身份的问题变得更为复杂。只注册账户持有者的姓名使识别配额的所有权结构成为一个费力且不精确的过程，只有少数人愿意这么做。[26]

保护数据的措施似乎足以减少任何公开信息的使用价值。因此，商业信息似乎得到了有效保护。尽管我们预期在所有的排放权交易体系中，对信息保护的商业关注都会统一表达出来，在交易日志规则中得到法律上的体现，但对于隐私和信息保护的法律水平可能是不一样的。

EU ETS 允许自然人参与，成为账户持有人，他们可以投资排放权交易市场，如同投资股票或其他商品一样。当然，准入的要求很严格，但是一旦进入以后，个人就可以开始排放配额的交易，其交易行为可以在线识别。我们相信这一点会引起排放权交易体系设计者的关注。[27]

隐私是一种人权。1948 年《世界人权宣言》[28]第 12 条称："任何人的私生活、家庭、住宅和通信不得任意干涉，他的荣誉和名誉不得加以攻击。人们有权享受法律保护，以免受这种干涉或攻击。"这一条的措辞与大多数国家批准的《公民权利与政治权利国际公约》[29]第 17(1)条和第 17(2)条的措辞是一样的。

当然，不同司法管辖区内对隐私权的适用是不一样的。例如，在美国，对隐私权的限制更多；在欧盟，对隐私权的保护被视为是一项基本权利。《欧洲联盟基本权利宪章》第 7 条规制对隐私和家庭生活、住居与通信的保护；第 8 条规制对个人数据的保护。尽管《宪章》的规定按照辅助性原则仅适用于欧盟各成员国执行欧盟法律的时候，[30]《欧洲人权公约》(以下简称 ECHR 或《人权公约》)[31]把权利的保护扩展到了其他情形。《人权公约》第 8 条确保公共机关不得恣意干预私人生活。

但是，《人权公约》第 8 条的规定没有明确提到隐私权，而是提到始终

---

[26]　但是要注意，欧盟委员会已经对交易日志进行了升级，账户持有人的名字现在必须与公司的全名一致。这有助于识别交易者的身份。

[27]　在讨论这个问题前，需要指出的是，本节基于作者目前正在进行的研究。关于隐私和数据保护的观点尚需进一步提炼，但我们目前的看法认为，排放权交易体系的设计者不应对这些问题视而不见。还需要指出的是，我们尚未涉猎"数据缩小"(data minimization)和"同意"之类的问题，而这些问题可能给这里所提出的问题提供潜在的解决方案。

[28]　《世界人权宣言》，联大决议 217A(III)。UN Doc A/810(1948)71。

[29]　《公民权利与政治权利国际公约》，1966 年 12 月 16 日联大决议 2200(XXI)通过，1976 年 3 月 23 日生效，999 UNTS 171。

[30]　参见《欧洲联盟基本权利宪章》第 51(1)条。

[31]　《欧洲保障人权和基本自由公约》，1953 年 9 月 3 日生效，213 UNTS 222。

不同,但并非互斥的个人自治的领域:私人生活、家庭生活、住居与通信。[32] 尽管根据这一条有大量的判决,欧洲人权法院并没有对隐私权给出确定性的定义。就"私人生活"而言,法院在数个判决中称对这个问题下一个详尽的定义既非必要,也不可能。[33] 私人生活因此被认为是一个广泛的术语,其含义必须在逐案审查的基础上加以确定。[34]

同《欧洲联盟基本权利宪章》一样,《人权公约》第 8 条没有在隐私权和数据保护权之间做出明确区分,[35]但是法院在其判决里暗中做了这样的区分。对法院而言,仅仅是有公共机构收集和储存关于私人生活的信息本身即构成对隐私权的侵犯。这些数据后来是否使用,以及使用的方式,对此都不构成影响。[36]

《人权公约》第 8 条所确立的隐私权不是一种绝对的权利。[37] 该条的第二段对其适用进行了限制。根据这一规定,如果公共机关对私人领域的干预是依照法律的干预以及在民主社会中为了国家安全,公共安全或国家的经济福利的利益,为了防止混乱或犯罪、为了保护健康或道德、或为了保护他人的权利与自由,有必要进行干预的,是允许的。

关于隐私保护的规则会与交易日志发生关联,可以从欧洲的经验中看出这一点来。根据 CITL 先前的规则,可以把私人投资者或交易者的身份与具体的交易行为联系起来。这种信息可以与一般市场发展相连接,因此可以作为个人相对成功或失败的标志,或者反映其特定的交易或商业策略。隐私和信息保护因此成为问题,欧洲数据保护监督员(European Data Protection Supervisor)要求修改法律。[38] 因此在建立交易日志的时候,要考虑在信息保护方面的不同要求。

不仅是隐私可能受到侵犯,关于数据保护的规则也可能带来问题。例

---

[32]　本节部分基于 Milaj(2013)。

[33]　尼米茨诉德国,ECHR 判决第 13710/88 号,1992 年 12 月 16 日,第 29 段;佩克诉英国,ECHR 判决第 44647/98 号,2003 年 1 月 28 日,第 57 段;普雷蒂诉英国,ECHR 判决第 2346/02 号,2002 年 4 月 29 日,第 61 段。

[34]　同上。

[35]　参见《欧洲联盟基本权利宪章》第 7 条(关于个人与家庭生活)和第 8 条(关于个人数据之保护);De Hert 和 Gutwirth(2009)。

[36]　莱安德诉瑞典,ECHR 判决第 9248/81 号,1987 年 3 月 26 日,第 48 段;科普诉瑞士,ECHR 判决第 23224/94,1998 年 3 月 25 日,第 53 段;阿曼诉瑞士,ECHR 判决第 27798/95 号,2000 年 2 月 16 日,第 68 段。

[37]　Kleining 等(2011),第 43 页;Kilkelly(2001),第 6 页;Himma(2007)。

[38]　欧洲数据保护监督员意见(2012)。

如,在欧盟,《一般数据保护条例》草案[39]想要强化对个人数据向第三国或国际组织移动的限制。[40] 只有在数据隐私保护的必要标准被满足以后,来自EUTL 的数据才可以进入外国的登记簿。这方面可能会产生问题。具体来说,如果澳大利亚和欧盟之间的数据交换扩展到美国的排放权交易体系,比方说加利福尼亚的排放权交易体系,而美国对隐私和数据的保护水平比较低。因此我们总结认为,对自然人来说,隐私和数据保护的规则在交易日志中应发挥重要作用,在排放权交易体系的连接中也应发挥重要作用。

160

(二)对配额交易的研究

对隐私给予很大程度保护的必然结果,就是排放权交易体系变得不那么透明。这意味着用于市场研究和向政策制定者指出潜在问题所在的信息少了,且不说市场监督需要详尽的信息以查明市场滥用。[41] 为了给政策制定者提供这样的信息,有几个关于交易日志设计的问题需要考虑。

第一,信息公开的漫长时滞降低了与排放权交易体系有关研究的政策价值。如果政策制定者想从研究中获益,要么给研究承担者提供信息,支付报酬,要么缩短信息公开的时滞。就 EU ETS 而言,人们的确会对五年的信息公开时滞是否能让政策制定者从研究中获益感到怀疑。[42] 根据新的EUTL 规定,这个时滞缩短为三年,[43]但是即便是对三年的时滞,上述论点仍然成立。

第二,如果交易日志中的信息更新或修改,应该予以标明。如果对信息发生变化而不加标明,将会对研究结果的有效性产生负面影响。

第三,在将交易信息用于研究时,有一个重要因素,和交易的独特性有关。即便企业账户可以和具体的排放设施连接起来,但这些排放设施的所有权结构仍然是十分难以查明的。在分析排放设施之间的交易时,研究者

---

[39] 《一般数据保护条例》,COM(2012)11 最终文件,2012/0011(COD)。

[40] 参见 Costa 和 Poullet(2012),第 261 页。

[41] 如果要搜集详尽的信息,必须制定法律规则让负责监督市场的有关当局能完全获得这些信息。

[42] 根据欧盟委员会条例(EU)920/2010 附件 XIII(4)和欧盟委员会条例(EU)1193/2011附件 XII(4),CITL 的交易信息在交易五年后的 1 月 1 日公开。

[43] 2013 年 5 月 2 日欧盟委员会条例(EU)389/2013,表 VIV - I,第 4 点。

们可能无法将与特定设施有关的数据与母公司准确联系起来。一个可能的做法是在交易日志中包含母公司的信息或包含公司的纳税号。[44]

第四，实际的交易中只有很少的透明度。例如，为了防止市场滥用和市场操纵，需要建立市场监督机制，防止不当行为。只有能获取相关市场信息的情况下，这种监督机制才能有效运作。在 EU ETS 中，无论是 CITL 或对其进行了修改的 EUTL 都没有这样的信息记录。CITL 和 EUTL 都不要求记录具体的交易价格，交易类型（场外交易、中间商交易或交易所交易）也未被记录。负责监督市场的机构缺乏交易者最终身份和价格的重要信息，这会对有效地进行市场监督造成严重障碍。显然，这也对第三方开展研究造成严重障碍，无法获得进行市场研究所需的适当信息。

161

从上可见，政策制定者一方面要保护商业秘密和隐私，另一方面要支持有助于政策制定的研究工作，支持有效市场监督。政策制定者需要在这两个方面的目标之间进行平衡。

五、结论

本章讨论了几个排放权交易体系设计者需要考虑的操作问题。就 MRV 而言，我们已经指出，设计者需要在很高水平的信息准确度和监测成本之间进行平衡。监测是所有排放权交易体系运行的关键，因为监测是公平竞争环境的前提。要想更多地依靠自我监测和自我报告，需要有更多而不是更少的有效监督。此外，不应想当然地认为公务员和其他与监测和核证过程有关的人员都是廉洁的。

就国有企业而言，我们强调排放权交易市场的好处在于让减排成本最低的企业进行减排。如果企业要受制于行政指导或其他诱因，则企业可能不会按照企业家的看法行事，排放权交易体系将无法达成具有成本效率的减排结果。

本章讨论的最后一个问题是交易日志。交易日志是气候变化法中具有技术性且非常复杂的一个领域。在这个领域，人们常常发现"魔鬼"隐藏在细节之中，但细节并不因此而不重要。在讨论中非常清楚的一点是，在上线之前，必须对交易日志进行监测，确保正常运作。此外，排放权交易设计者

---

④　在欧洲大学学院于 2012 年举行的 CITL 气候政策研讨会上，这两种建议都被提了出来。参见 http://fsr.eui.eu/Events/ENERGY/Workshop/2012/121003CITLDataWorkshop.aspx。

162　还需要进行数个权衡:排放权交易市场的透明度水平可能与对自然人的隐
　　私和数据保护规则相冲突,或者会对政策制定者能从市场研究机构那里获
163　得的研究结果造成限制。

第八章　执行问题四：排放权交易诉讼

一、导论

前面各章业已表明,无论采取何种政策措施,总会 164
有一部分利益相关者高兴,而另一部分不高兴。本章讨
论在排放权交易设计的语境下所提出的法律上的异议,
特别是与气候变化有关的法律异议。我们之所以将本
章扩展到气候变化领域,而不是局限于排放权交易设
计,原因在于排放权交易不过是更为广泛的气候变化政
策的一种表达而已。排放权交易频繁与其他政策措施
结合使用。对国家气候变化决策中某一要素的法律异
议,将影响其他要素,包括排放权交易体系。

气候变化诉讼是晚近才出现的现象。第一个此类
案件出现在 1990 年的美国。① 近年来,涉及气候变化问
题的案件的数量在增加。尽管此类诉求现在越来越多
地被法院受理,但是仍然有许多案件,其科学证据存疑。
值得注意的是,涉及气候变化的案件越来越多样化。

考虑到问题的多样性和现有及即将出现的排放权
交易体系的快速增加,我们不可能在短短一章之内提供
所有法律问题的全面概览。我们的抱负因此务必谦抑
适中:我们想让大家了解在排放权交易体系设计的语境

---

① 洛杉矶市诉国家高速交通安全管理局,912 F 3d 478(DC Cir.,
1990)。

下诸种法律异议的韵味。本章展示了可能遭受异议的多种法律问题，并说明排放权交易涉及的法律维度容易被低估。

这里介绍的案例来自不同的司法管辖区，与不同的排放权交易体系相关。显然，这些案件的结果取决于具体的法律体系。此处并不想详细阐述法律体系自身，而是讨论潜在的法律诉求，使政策制定者在设计排放权交易体系中知晓法律的重要性和潜在的问题。因此，每个案件中所体现的实际问题要比案件的结果更重要。本章自然不是为律师和法官而写，而是写给排放权交易体系的设计者。

另外有件事也很重要，值得强调：发起法律诉讼的动机可能复杂多变。在某个问题上有案件，并不一定意味着实际上有法律问题。在原告一方，起诉可能是策略行为，如为了阻止执行某项自己不喜欢的政策。

考虑到所涉及的法律问题和相关主题纷繁芜杂，我们决定不按照产生这些案件的排放权交易体系或司法管辖区来排列案件，而是按照我们所识别的问题进行排列。首先，考察诉讼的"客体"（object）；其次，重点关注不同类型法律问题所涉及的法律领域；最后，讨论在设计排放权交易体系时可能对立法选择产生影响的关键问题。

第二节我们讨论成文法上的异议、对执法机构职权的异议和对法律执行的异议。第三节关注责任、财产权和消费者保护这些问题。最后，在第四节重点关注对排放权交易设计可能产生影响的关键问题，因为这些问题会影响到司法审查——与气候变化有关的诉讼主体地位、合法期望和政策目标。

二、法律诉求的客体

本节所介绍的气候变化法的案例按照其法律客体（object）排布。我们考察对成文法的异议、对执法机构职权的异议、对法律执行的异议，以及基于国际法的异议。我们也会考察执法机关自身提出的异议。

（一）对成文法的异议

对成文法的异议可以有多个方向。在欧盟背景下，这可能与法律本身的效力或法律所规制的特定要素的合法性有关。在安塞乐案②中对此就有争论。安塞乐公司反对 EU ETS 指令及法国的后续执行措施将钢铁部门包括进来,但却没有包括制铝业和塑料业。安塞乐公司认为,这种做法违反了铭刻于法国宪法中的平等原则。在先行裁决的框架之下,欧盟法院要对欧盟立法中将 EU ETS 扩展到钢铁部门,但不包括制铝业和塑料业的做法是否违反法国宪法做出裁决。法院认为,尽管对各部门的处理不同,但各部门之间的位置具有可比性。由于未被覆盖的部门不受具有可比性的国际措施或欧盟措施的制约,从而使被覆盖的部门在无可抵消的国内措施的作用下,处于不利位置。法院考察了按照某种客观合理的标准,这种不公平待遇是否合理,以及这是否与所追求的目标相吻合。制铝业和塑料业都是这种情况。考虑到塑料业的规模,如果将其纳入 EU ETS 的话,管理成本过高,因此将其排除在外是有正当理由的。

对成文法提出异议的方向有时出人意料。有的时候挑战的不是成文法本身,而是成文法赖以建立的科学基础。新西兰气候科学教育信托对新西兰水资源和大气研究院有限公司(NIWA)提起诉讼。新西兰大气和水资源研究院有限公司是一家政府拥有的公司,保存了 1992 年以来的国家气候数据库。③ 新西兰气候科学教育信托对作为制定法律基础的数据的有效性提出了异议。要想对气候变化数据进行司法审查,原告需要证明"NIWA 决策过程中有瑕疵或证明决策无论在原则上或法律上都是明显错误的"。在本案中,法院开庭审查了原告专家证人的证据,认为他们不是气候变化专家。这个案件有意思的地方在于作为法律行动主义基础的气候变化科学是可以被异议的。如果科学发生错误,则基于其上的政策和法律在政治上就很难维持下去。

其他一些案件并没有这样对成文法提出异议,而是对立法者的立法职权提出异议,或主张立法者的立法活动违反了其他法律。

与立法者的职权有关的两个案件是特龙等案和英德克科林特案。2011年,特龙等案④对纽约加入区域温室气体倡议(RGGI)的合法性提出了异议。原告认为纽约的 RGGI 项目是越权的,因为纽约环境保护部(DEC)和纽约州能源研究和发展局(NYSERDA)在未经立法机关同意或授权的情况

②　C - 127/07 安塞乐大西洋公司、洛林公司和其他诉法国总理、生态与可持续发展部、经济财政工业部[2008]ECR I - 9895。
③　新西兰气候科学教育信托诉新西兰大气和水资源研究院有限公司[2012]NZHC 2297。
④　特龙等诉阔马等,索引号 4358 - 11,RJI 号 01 - 11 - 104776。

下执行备忘录,颁布相关法规。此外,原告认为 RGGI 未经立法者授权征税,RGGI 的备忘录违反了美国宪法的"协定条款",[⑤]该条款称"任何一州,未经国会同意……不得与另一州或外国缔结协定或条约"。由于原告不具有诉讼主体资格,所以法院未处理实体问题。此外,由于在进行索赔时不合理地延迟,原告可能已经"失去时效"(所谓"懈怠原则")。英德克科特林[⑥]是科特林的一家燃气联合循环发电设施,声称纽约加入 RGGI 的谅解备忘录是违宪和越权的。案件当事方最后达成和解,没有解决合宪性的问题。

　　除了直接对立法者的职权提出异议外,有些案件中还认为立法者没有遵循位阶较高的法律。荷兰氮氧化物案就是这种情况。荷兰政府为解决酸雨问题建立了一个氮氧化物绩效标准率(PSR)排放权交易体系。在这个体系中,企业如果额外遵守排放标准,可以获得排放信用;如果企业未遵守排放标准,则需额外购买信用。政府在监测过程中发挥积极作用,但不作为主体参与。欧盟委员会认为碳氧化物排放权交易体系构成国家援助,荷兰政

167府对此提出异议。初审法院(CFI)以选择性为理由推翻了欧盟委员会的决定,欧盟委员会提出上诉。欧洲法院(ECJ)推翻了初审法院判决,认为 PSR 体系具有选择性,并确实涉及国家援助。有意思的是,欧洲法院认为为了避免给予援助,荷兰本应选择一种不同的执行措施——出售或拍卖配额的排放权交易体系而非 PSR 体系。法院通过这种方式在分析《欧盟运作条约》(TFEU)第 107(1)条时引入了 TFEU 第 107(3)条正当性测试的要素。这表明成员国在遇到除非能设计出不同的措施,否则该政策措施不会提高,甚至最大化成员国收益的情况时,对政策措施没有选择的自由裁量权。因此,成员国设计适当政策措施的自由裁量权受到对国家援助规则解释的限制。[⑦]

　　联邦制法律体系的特点是一定的分权和法律内部非常强的位阶关系:联邦法优于州法。然而,由职权不同的不同主体进行规制,会导致规制竞合或冲突的情况,如气候政策碰上环境政策时就是如此。青山克拉斯勒普利茅斯道奇吉普诉克龙比[⑧]是第一个对联邦石油经济法律和对新汽车温室气体排放标准之间的冲突做出裁决的案例。来自汽车业的利益相关者基于数个理由,对佛蒙特州采用加利福尼亚州的温室气体排放标准提出异议。具

---

⑤　第 1 条,第 10 款,第 3 项。

⑥　英德克科特林有限合伙诉大卫·A. 佩特森等,和解判决,索引号 5280 - 09。

⑦　关于这个问题的分析参见 Weishaar(2013)。

⑧　青山克莱斯勒普利茅斯道奇吉普诉克龙比,联邦补充案例 2d 295(2007 年 9 月 12 日)。

体来说,原告认为佛蒙特州的行为(i)违反《清洁空气法案》,(ii)违反《环境保护与养护法案》,(iii)佛蒙特州不能颁布温室气体规章,因为这是国际谈判要解决的问题。尽管在上诉阶段,由于联邦立法的推进,汽车产业撤诉,但这个案件仍然是非常有意思的一个案件,因为该案表明州法和联邦法的不协调会引发严重的法律异议。此外,值得指出的是,在本案中,法院遵从了马萨诸塞州诉环保署⑨案的立场,驳回了原告认为佛蒙特州无权根据外交政策颁布温室气体立法的主张。

168

(二)对执法的异议

气候政策,特别是排放权交易体系,是由指定机构来执行的。这些机构的职责本身就决定了它们要做出决策,采取行动。这会频繁引发法律诉讼,声称颁布政策必须遵守法律,或者认为制定政策过程中存在错误。其他异议与执法机构的职权和自由裁量权有关,或者与其所做的政策设计选择有关。信息获取也构成对执法机构提出异议的一个重要理由。

对不遵守法律提出异议

拉脱维亚对欧盟委员会的决议提出异议。⑩ 该决议要求为 2008 ~ 2012 年这一期间修改国家分配方案(NAPs)。问题出在欧盟委员会发布这个决定是否已过时效。因为每项通告(notification)都需要经过委员会为期三个月的审查,且委员会要求拉脱维亚提供 NAP 信息的时候迟了一天,法院判定委员会确实已过时效。因此,拉脱维亚的 NAP 无须再做修改,委员会的决定无效。⑪

2011 年,有人对欧盟委员会提出异议,认为欧盟委员会在第三交易期的协调分配方式中有错误。引入协调分配方式阻止了对委员会关于 NAPs 的决定(后面进行讨论)频繁提出异议,但是如本案所示,这种变化也并非没有问题。在克虏伯曼德斯曼钢铁公司和其他诉委员会案⑫中,原告对委员会关于欧盟范围跨国免费分配排放配额的规则提出异议,并要求废除欧盟委员会的决定。原告认为,就烧结矿而言,设置基准线的标准并未被遵守

---

⑨　马萨诸塞州诉环保署,549 US 497(2007)。

⑩　T – 369/07 拉脱维亚诉委员会[2011]ECR II – 01039。

⑪　委员会提出上诉。C – 267/11 委员会诉拉脱维亚案尚未作出判决。

⑫　T – 379/11 克虏伯曼德斯曼钢铁公司和其他诉委员会(仍未作出判决)。

过,而且提供数据的工厂不属于计算基准线的部门。另外,原告声称,热金
属破解的基准线过低。钢铁生产的尾气用于发电,委员会没有把尾气的全
部碳含量考虑进来。原告认为,委员会减少碳含量的行为违反了 EU ETS
指令。原告还在法律方面提出额外请求,声称委员会未能说明原因,违反了
TFEU 第 296 条以及比例原则和平等待遇原则。本书写作之时,案件仍未
宣判。

机构的职权

有数宗案件对欧盟委员会在 EU ETS 第一交易期和第二交易期对国家
分配方案(NAPs)的决定提出异议。这些案件涉及欧盟委员会和成员国的
权力划分。欧盟委员会有权按照指令 2003/87/EC 之附件Ⅲ中所规定的原
则审查 NAPs 的兼容性和成员国执行 EU ETS 指令 2003/87/EC 的自由裁
量权。

在英国诉委员会案中,欧盟委员会拒绝了英国政府对其临时 NAP 的修
改,认为英国没有说明其 NAP 与委员会早先所援引的法律不兼容的理由。
法院指出,欧盟委员无权限制成员国修改 NAP 的权力:[13]"双重公共咨商制
度"(double public consultation system)会因此失去作用。

在其他案件中,对欧盟修改分配给成员国的配额数量的权力提出了异
议。在波兰诉委员会案中对此就有争论。法院认为欧盟委员会无权给
NAP 设定排放上限。[14]欧盟委员会依靠自己掌握的事实及测算、按自己掌
握的数据宣布结论,而不是依靠成员国提供的数据。法院认为,欧盟委员会
根据指令 2003/87/EC 的审查权是受到严格限制的,实质上仅限于审核成
员国所采取的措施是否符合法律所规定的标准。欧盟委员会无权用自己的
数据替换 NAP 中的数据。[15]

对执法机构职权的诉讼不只在欧盟有。例如,英德克科特林有限合伙
诉大卫·A. 佩特森[16]案对"预算交易计划"(Budget Trading Program,
6NYCRR,第 242 部分)和"二氧化碳配额拍卖计划"(21 NYCRR 第 507 部
分)提出了异议。这是由纽约州环境保护部和纽约能源研究和发展局为执
行 RGGI 制定的两套适用于纽约全州的规则。原告称这两套规则越权武

---

⑬　T-178/05 英国诉委员会[2005] ECR II-04807,第 61 段。
⑭　T-183/07 波兰诉委员会[2009] ECR II-03395,第 131 段。上诉案件 C-504/09P 委
员会诉波兰(尚未公布)未能胜诉。
⑮　T-183/07 波兰诉委员会[2009] ECR II-03395,第 120 段。
⑯　英德克科特林有限合伙诉大卫·A.佩特森等,和解判决,索引号 5280-09。

断,反复无常,亦无恰当的记录予以支持。此外,原告称由于无法将成本转嫁给消费者,因此遇到财务困难。本案由双方和解结案。

在与执法机构有关的诉讼中,主题之一就是对气候政策具体设计的异议。加州空气资源局负责推行总量与交易的排放权交易体系。在加利福尼亚商会和拉里·迪克诉空气资源局[⑰]案中,空气资源局受到异议,认为按照法律该局没有明示或默示的运用拍卖机制的权力。原告称这种拍卖机制具有"筹集收入的因素",是一种"违宪的税收"。原告称法律仅允许加州空气资源局进行有限度的收费,支付其管理成本,而无筹集收入的实质权力。在本书写作时,本案仍在审判中。

机构的自由裁量权

负责建立和运作排放权交易体系的机构在履行其职责的过程中,有一定其自由裁量权。对这种自由裁量权的幅度可以提出异议,由此导致了诉讼。

义愤居民协会(the Association of Irritated Residents)称加州空气资源局没有能正确考虑总量与交易体系的成本收益,未能考虑其他的规制方案。义愤居民协会认为,加州空气资源局违反了《全球变暖解决方案法》和《加州环境平等法案》。法院认为空气资源局根据《全球变暖解决方案法》享有广泛的自由裁量权,而《加州环境平等法案》规定了环境影响评价的程序。根据《加州环境平等法案》的规定,原告可以证明有滥用自由裁量权的情形。考虑到对替代性政策工具论证过于简短,法院发出禁令,在空气资源局提交对替代性政策工具的分析之前,禁止空气资源局从事和总量和交易体系有关的活动。第一上诉法院推翻了该禁令,使空气资源局能完成其《全球变暖解决方案法》。后来,法院认定环境影响评价没有违反法律。

信息获取

在气候变化和排放权交易语境下发生的其他案件与获取信息有关。显然,为了让私人主体为案件做准备,对规制机构或成文法提出异议,必须要让私人主体能获得信息。

迪姆诉大塔里市议会案[⑱]是澳大利亚新南威尔士的一个案件。本案涉

---

⑰ 加利福尼亚商会和拉里·迪克诉空气资源局(尚未公布)案件号 34 – 2012 – 80001313。

⑱ 迪姆诉大塔里市议会 Diehm v. Greater Taree City Council[2010] NSWADT 241;2010 WL 4111270。

及拒绝提供关于拟议的排放权交易体系的信息。索取信息的要求基于公共利益的原因被拒绝。迪姆索要关于包含在国内排污收费中的未来交易体系的成本的信息。行政法院命令有关部门提供这方面的信息。

但并非公共机构所持有的所有信息都应被披露。在拉格奎斯特诉新泽西州环境保护部案⑲中有位记者想获取关于"RGGI 最初八次碳拍卖和每位竞买者姓名、出价以及卖给每位成功竞买者的配额的数量和种类"的信息。法院认为要索取的这些信息属于《公共信息公开法案》(Open Public Records Act)的范围。但是,原告的论述中没有让人信服公开这些信息会改进拍卖过程或提高透明度。结果,法院驳回了信息公开的要求,因为这会使竞争者或竞买者获益,属于信息公开中可以克减、不予公开的情况。

在欧盟也有关于信息获取的诉讼。欧盟委员会拒绝了德国圣戈班玻璃公司获取委员会已经从德国联邦环境署那里获得的关于圣戈班公司排放设施的信息。按照欧盟委员会为协调排放配额免费分配确定欧盟内部跨国交易规则的决定,德国需要向委员会提供这类信息。圣戈班公司起诉⑳欧盟委员会,声称其违反了关于公众获取信息的条例 1049/2001 以及关于将《奥胡斯公约》适用于欧盟机构的条例 1367/2006 的多项规定:(a)获取信息;(b)公共参与决策;(c)在环境问题上诉诸法律;(d)TFEU 第 296 条(说明原因的义务)。在本书写作时案件仍未宣判。

(三)对政策制定者的异议

除了对成文法的异议和对执法机构的异议外,政策制定者也可能遭到诉讼。政策制定者通常需要平衡不同的社会利益,如能源供给的社会需求和生态可持续发展。在霍顿诉规划部部长案㉑中澳大利亚新南威尔士土地与环境法院重点审查了规划部长对发电厂项目概念规划有条件的批准是否是武断、不合逻辑和不理性的,基于提供给部长的材料,任何理性的决策者都不会做出这样的决定。法院称温德斯伯里案中提出的对公共机构司法审

---

⑲　拉格奎斯特诉新泽西州环境保护部,案卷号 MER-L-2185-10。

⑳　案号 T-476/12 德国圣戈班玻璃公司诉委员会(案件仍在审理中)。

㉑　霍顿诉规划部部长和麦夸里发电公司;霍顿诉规划部部长和 TRU 能源私人有限公司[2011]NSWLEC 217。

查的标准㉒过于严格,法院认为申请人没有达到足够的证明水平。

在新南威尔士的另一个案件,格雷诉规划部长案㉓中,原告认为规划部部长在接受一家矿业公司的环境影响评价时没有能考虑预防原则,因此对规划许可提出异议。法院认为部长未能考虑生态可持续发展原则,特别是代际公平和预防原则。最终判决为规划部的决定无效。   173

气候政策与能源生产转型和经济的能源强度密切相关。二氧化碳排放更少的能源生产方法受到鼓励,但是,地方居民经常对可再生能源的生产提出异议。居民们似乎对碳捕集和封存(CCS)的(潜在)危险感到恐惧,或者看到大型风电场就感到不安,或者希望避免对动植物不利的环境影响。如澳大利亚塔拉尔加风景护卫者公司诉规划部长案㉔所示,这些诉求有些胜诉了,有些未能胜诉。

在另一个案件中,对加州空气资源局关于使用碳抵消信用的决定提出了异议。㉕ 空气资源局总量与交易规章中的抵消规定和用于执行这些规定的抵消细则都受到异议,认为不符合《加利福尼亚全球变暖解决方案法》的规定。法院认为,加州立法者使用"基于市场的履约机制"来满足法案的要求,这说明立法者显然不想让这些机制包含来自非法律法规规定之外的项目减排的抵消,或没有法律规定但肯定会发生的减排。从这个案件中可以看出,额外性是对旨在应对全球变暖的排放权交易体系中使用抵消提出异议的主要理由。在本书写作时,案件仍未宣判。

还出现过对 EU ETS 的具体设计特征的异议。例如,欧盟成员国多次想把事后调整规定纳入其国家分配方案(NAPs),欧盟委员会则成功地阻止了数个成员国对 NAPs 进行这样的调整。由于德国的 NAP 包含了允许事后调节的规定,因此被拒绝,由此发生诉讼,即德国诉委员会案。㉖ 委员会认定德国的事后调整违反了 EU ETS 指令附件Ⅲ中包含的两个标准。法院认为委员会的认定在法律上是错误的。与本案有关的两个标准是企业和部   174
门之间非歧视(标准5)和要求 NAPs 中包含所覆盖的排放设施清单及准备

㉒ 联省图片社有限公司诉温德斯伯里公司[1948] 1 KB 223。

㉓ 格雷诉规划部部长[2006]NSWLEC 720;152 LGERA 258;2006 WL 3438287;[2007] ALMD 5959。

㉔ 塔拉尔加风景护卫者公司诉规划部长和 RES 南十字星私人有限公司[2007] NSWLEC 59;LGERA 1;2007 WL 441697。

㉕ 公民气候游说组织和未来儿童地球基金会诉加利福尼亚空气资源局(仍在起诉阶段),旧金山最高法院,2012 年 3 月 27 日起诉。

㉖ 案件 T - 374/04 德国诉欧盟委员会[2007] ECR Ⅱ - 4431。

分配给每个排放设施的配额数量(标准10)，欧盟委员会错误地认为这些标准被违反了。尽管有法院的裁定，在 EU ETS 的第一交易期和第二交易期，事后调整的意义并不是很大。就本案而言，由于第二交易期与分配有关的国内立法已经完成，所以对德国没有影响。在第三交易期，分配将基于全欧盟范围内的协调分配规则。在该规则中，欧盟委员会规定了事后调整——至少在关闭规则和转移规则方面是如此。

(四)国际法问题

在气候变化语境中，起诉不仅可以依据国内法或超国家法，也可以依据国际法。将 EU ETS 扩展至航空部门及其在欧盟范围外的适用在国际上引起了强烈不满(尤其是美国和中国[27])，并且在英国高等法院提出异议，要求做出初步裁定。美国航空运输协会和其他当事方在英国法院起诉英国负责能源和气候变化的国务大臣在英国执行 EU ETS 的措施。在诉讼过程中，向欧盟法院提交了一个初步裁定问题。[28]

向欧盟法院提出的问题是将 EU ETS 扩展到航空部门是否违反国际条约法和国际习惯法。美国航空运输协会(以下简称协会)认为这一做法违反(i)多边的《国际民用航空公约》("芝加哥公约")，(ii)双边的《美国—欧盟航空运输协定》("开放天空协议")，(iii)《京都议定书》。

法院认为修正的 EU ETS 并未违反国际法。就《芝加哥公约》而言，法院认为，尽管欧盟成员国也是《芝加哥公约》的签署国，但欧盟本身不是《芝加哥公约》的缔约方，因此欧盟不受《芝加哥公约》约束。

就《开放天空协议》而言，法院认为，尽管欧盟受其制约，但指令的规定没有违反《开放天空协议》第 7 条。该条规定当飞机进入欧盟成员国领土时，适用欧盟法。美国航空运输协会认为，由于指令要求基于整个航程所消耗的燃油计算排放，因此覆盖了美国飞机的整个航程，即使其飞越第三国和公海也要包括在内；因此该指令课加了一种域外义务。法院的推理认为，指令不适用于在第三国注册并且只飞越第三国和公海的飞机，甚至如果飞机

175

---

[27]　美国通过一项法案，阻止航空公司参与 EU ETS，参见 2011 年《禁止欧盟排放权交易体系法案》。

[28]　案件 C-366/10 美国航空运输协会和其他诉能源与气候变化国务大臣(2011，尚未公布)。

飞越了欧盟成员国但没有停留的话,指令也不适用。因此只有当飞机在欧盟成员国注册,或者国际注册的飞机降落或驶离欧盟成员国时,才进入指令的管辖范围。美国航空运输协会也指出,《开放天空协议》规定对燃油负载免征税收和其他费用。法院不认可这种观点,认为 EU ETS 是一种基于市场的环境措施,不是对燃油负载所征的税收或费用。法院还认为《开放天空协议》允许基于环境理由排除其适用,但是判决并不是依据这个观点做出的。

《京都议定书》第2(2)条要求与国际民用航空组织(ICAO)共同努力,限制或减少航空舱载燃料产生的特定温室气体排放。法院认为《京都议定书》课加了数量化的承诺:"《京都议定书》的当事方会以其同意的方式和速度履行其义务。"因此,从实际目的出发,采纳《京都议定书》的规定而不是其他相关目标,应由欧盟自己来审核。从第2(2)条来说,法院认为其要求并非是"无条件的,并且不是非常清楚地赋予个人在诉讼中援引该条的权利"。

所援引的两条国际习惯法原则是:(i)任何国家都不能令公海以及其他国家飞越公海的自由置于其主权之下;(ii)每个国家对自己的领空都有完整和排他的主权。法院认为第一项原则适用于公海(和旗舰),但并不一定适用于公海上空。法院也注意到英国和德国不同意这是一条国际习惯法原则。总体而言,法院认为由于国际习惯法原则的明确程度不及国际协议的规定,司法审查必须限制在考察欧盟机构在评估适用这些原则的条件时是否犯了明显的错误的范围内。在这一点上,法院重申其立场,认为指令仅适用于"降落或驶离位于成员国境内的机场"的飞机,因此没有侵犯第三国主权和公海飞行自由。

尽管法院作出这样的裁决,国际不满仍在继续发酵。为了改进和其他国家的关系以及为谈判提供一种"积极的氛围",[29]欧盟委员会提议在国际民用航空组织 2013 年 9 月的大会之前,[30]暂停进出欧盟的飞机履行此项义务一年。[31]

依据国际法,也会出现其他问题。在排放权交易体系和 WTO 规则相交的地方可能会出现案件,尤其是《关税与贸易总协定》(GATT)、《服务贸

---

[29] 欧盟委员会(2012b)。

[30] 欧盟委员会(2012c)。

[31] COM(2012)697.

易总协定》(GATS) 和《补贴与反补贴措施协定》(SCM)。人们可能对在 WTO 框架内用祖父法免费分配排放配额是否构成补贴提出质疑。相关国家采取与碳成本有关的边境调节措施、对国外缺乏严格的环境标准予以补偿的做法可能会被阻止。

(五)执法机构提出的异议

欧盟委员会是《欧盟条约》的"捍卫者"。根据 TFEU 第 258 条,欧盟委员会有权就成员国未能正确执行指令的行为提起诉讼。在 EU ETS 的背景下,欧盟委员会对意大利和芬兰提起了诉讼。意大利没有及时通过遵守指令所需的法律、法律和行政规定。㉜ 芬兰及时执行了必要的法律,但是给奥兰省规定了豁免。法院裁定芬兰未履行其根据《欧盟条约》所应履行的义务。㉝ 但是,大多数不执行欧盟法的案件,都由当事方自行解决,不提交欧盟法院。

三、具体法律领域

本节讨论从事气候变化决策的政策制定者值得关注的具体法律领域。相关的法律问题有责任、财产权和消费者保护。

(一)责任

在针对温室气体排放者的基于侵权的索赔框架中,频繁提出责任问题。科默和其他几个人以卡特里娜飓风造成的损失为由起诉和电力、煤炭、化工和石油公司。诉讼基于公害、过失、不当得利、民事共谋、欺诈性虚假陈述和隐瞒。公害的索赔请求是基于声称被告促成了全球变暖,因此加剧了飓风的暴虐。

由于原告无法证明他们所遭受的损害可以"合理地追溯"到被告的

㉜ C-122/05 委员会诉意大利[2006] ECR I-00065。

㉝ C-107/05 委员会诉芬兰[2006]ECR I-00010。

活动上,因此原告缺乏诉讼地位,同时也由于政治问题不可诉,所以案件被驳回。[34] 上诉法院推翻一审判决,赋予原告法律地位。[35] 但是法院没有达到法定人数,按程序规则驳回上诉。因此一审法院的判决仍然维持。2011年,原告再度向一审法院起诉,因"一事不再理"和"间接禁反言"被驳回。法院非常谨慎地审查了诉讼地位的问题,确认其在 2007 年关于原告因为未能证明其所遭受损失无法合理追溯到被告活动上因此没有诉讼主体地位的判决,并确认原告因政治问题不可诉原则无法起诉。法院认为《清洁空气法案》优先于这些索赔主张所依据的州法。

在基瓦利纳诉埃克森美孚公司等案[36]中,阿拉斯加基瓦利纳原住民村的居民以妨扰为由针对美国的石油和电力公司因促成气候变化、引发洪水导致该村受损提起诉讼。法院以规制温室气体排放问题不可诉为由驳回起诉:法院认为这个问题应该由议会和行政部门解决,而不应由法院来解决。值得指出的是,法院认为原告的观点令人难以信服:被告促成了气候变化(间接因果关系)和洪水。在法院看来,温室气体难以区分,无法归于某一特定的被告。2009 年 11 月,原告向第九巡回上诉法院提起上诉。2012 年 9月,上诉法院决定不复审这个案件。

在美国,关于气候变化的责任索赔前景黯淡。由于政治问题不可诉的原因,这些案件无法起诉,并且这些案件遇到了诉讼主体地位、因果关系、归因和溯及力等问题。责任索赔不仅限于私人主体:政府和国家主体也可能遭到诉讼。例如,霍尔西姆(罗马尼亚)有限公司起诉欧盟委员会,要求其赔偿到判决时未被追回的被盗排放配额的市值和利息。原告称委员会不披露或不允许披露被盗配额地点的决定是不合法的。[37]

从更广泛的视角来看,人们可能会问,可以让公共机构因为未能充分应对气候变化而承担责任吗? 或者私营企业可以因为遵循法定标准或参与排放权交易体系而免除责任吗? 对于这类法律问题,不同的司法管辖区可能有不同的解决方案。

178

---

[34]　科默诉美国墨菲石油公司,案件号 1∶05 – CV – 436 – LG – RHW。

[35]　科默诉美国墨菲石油公司,WL 2231493 C. A. 5 Miss。

[36]　基瓦利纳原住民村诉埃克森美孚公司等,2009 WL 3326113。

[37]　T – 317/12 霍尔西姆(罗马尼亚)有限公司诉欧盟委员会(案件仍未宣判)。

(二)财产权

排放配额或许可是排放权交易体系的内在组成要素。即便排放权交易体系已经运作数年,产生出多种排放权形式,但其财产权问题仍未得到正确理解。一般将其视为无形财产权(至少在欧洲法院的判例中是如此)。目前尚不清楚的是其所包含的财产权的准确属性,以及在不同的排放权交易体系和欧盟各成员国当中这些权利有何不同。特别是在发生于 2010 年 1 月的对账户持有者的网络欺诈(钓鱼)攻击和发生在 2011 年 1 月的从几个欧盟成员国国家登记簿的配额盗窃事件的背景下,后面这个问题尤其值得研究。账户持有人能取得失窃排放权的所有权吗?如果能,在什么情况下取得?就排放配额而言,在欧盟成员国的不同司法管辖区中,对财产权的法律保护水平是否有所不同?

阿姆斯特朗 DLW 有限公司是一家国际地板生产商的德国子公司。阿姆斯特朗 DLW 有限公司以归还财产、不当得利和不当接受信托财产为由起诉温宁顿网络有限公司。㊳ 被告从泽恩控股有限公司买了 21,000 单位 EUAs。泽恩控股公司把自己伪装成这些配额的合法所有者。尽管温宁顿公司要求泽恩公司提供关于配额的公司和所有权的信息,但在收到这些信息之前就把配额卖了出去。

本案按照衡平法审理。依据衡平法,即便窃贼获得了合法的所有权,衡平法上的所有权仍然保留在受害人手里。法院拒绝了被告认为该公司行为为善意的观点,认为该公司对配额被窃的可能性"故意视而不见"并"故意且不顾后果地未做调查"。

(三)消费者保护

随着排放权交易体系的创立,消费者对购买"绿色"和"碳友好或碳中和"商品的接受度不断提高。公司甚至给消费者提供抵消其航空或汽车旅行的排放的机会。可能出现与气候变化减缓承诺有关的消费者保护法方面

㊳ 阿姆斯特朗 DLW 有限公司诉温宁顿网络有限公司[2012] EWHC 10(Ch)。

179

的索赔请求。

这方面的一个案例与 GM 霍尔登公司有关。该公司是萨博汽车在澳大利亚的一个供货商和经销商。[39] 霍尔登公司在广告中说为每一辆售出的萨博汽车种 17 棵树，使每一辆售出的萨博汽车都是碳中和的。澳大利亚竞争与消费者委员会（ACCC）以虚假广告违反《贸易实践法案》（Trade Practices Act）为由起诉了霍尔登公司。该广告表明萨博车具有气候中性的新属性，180 而竞争与消费者委员会称 17 棵树所能抵偿的汽车排放不超过一年。

在澳大利亚联邦法院就是否会审查霍尔登公司的抵消政策做出声明之前，霍尔登公司通知 ACCC 将会撤下广告，并且种下 12,500 棵树来抵消广告活动期间销售的所有萨博汽车终身的排放。

四、启动排放权交易体系的关键法律问题

本节讨论政策制定者在考虑设立一个排放权交易体系时需要注意的若干关键问题。这些问题涉及诉讼主体地位、利益相关方的合理期待，以及任何气候变化诉讼可能面临的反对意见。此外也会讨论对善治和政策制定起指导作用的预防原则。

（一）诉讼主体地位

建立排放权交易体系的法律属于公法，因此并不令人意外的是，对这类法律提出异议通常对于诉讼主体地位有限制性要求。各司法管辖区之间、乃至各部法律之间，对诉讼主体地位的要求不尽相同。美国《清洁空气法案》要求固定排放源达到保护公共健康和福利所必需的排放标准，要求环境保护署（EPA）制定和执行规章保护公众。环保署，以及任何公民、政府机构或组织，可以依据《清洁空气法案》提起诉讼，强制相关主体守法，或惩罚其疏漏。因此该法对诉讼主体地位的限制相对较低。已经依据该法起诉了许多宗案件，对环保署的活动或其规章提出异议。

与此形成对照的是，根据《美国国家环境政策法案》，对诉讼主体地位

㊴ 澳大利亚竞争与消费者委员会诉 GM 霍尔登有限公司［2008］FCA1428；2008 WL 4261039。

的要求相对较高。这部联邦法律确立了改善环境的国家政策,建立了总统环境质量理事会。该法案也适用于联邦机构的所有裁量性行为,包括对私营设施的许可,这一点与气候政策有关。该法案没有包含公民诉讼的规定。相关异议只能按照《行政程序法案》提出。尽管如此,迄今仍然有40多宗起诉案件。这些案件主要在推翻未能考虑气候变化的环境审查方面获得了胜利。

在美国,也有很多关于诉讼地位的案件。例如,2011年的特龙等案[40]基于数个理由对纽约州参与RGGI体系的合法性提出异议。但由于缺乏诉讼主体地位,所以他们的诉由未获得实体上的审理。法院认为原告未能证明其所受损害与普通公众所受损害能够区分开来。但是,属于RGGI覆盖范围的电力公司构成潜在的利益相关方。一位正在运营燃气循环联合热电联产设施的原告称其由于不能将价格上涨转嫁给消费者,所以遇到经营困难(英德克科林特案)[41]。在对RGGI提出法律异议的过程中,英德克科林特的确拥有诉讼主体地位。

根据欧盟法,享有特权的申请人(如成员国)和机构(如欧洲议会)作为诉讼主体有广泛权利。与此形成对照的是,自然人和法人只有非常有限的机会执行他们的权利。在欧盟,直接的个人诉讼主要由于缺乏"直接和个人的利益关切"被驳回。法院基于普劳曼案中确立的检验标准[42]对"个人利益关切"进行评估。这个检验标准对于自然人和法人而言非常难以达到。在环境法方面提出的案件以及在EU ETS背景下对委员会决定提出的异议也不例外。

私营主体起诉了多宗案件,对EU ETS背景下所通过的国家分配方案(NAPs)从不同方面提出异议。法院认为委员会关于NAPs的决定没有影响到第三方的法律地位,因为只有当成员国通过NAP的时候排放者才获得排放权。[43]

很显然,想要在欧盟法中加强对个人的法律保护的愿望使个人根据废

---

[40] 特龙等诉阔马等,索引号4358-11,RJI号01-11-104776。

[41] 英德克科特林有限合伙诉大卫·A.佩特森等,和解判决,索引号5280-09。

[42] 案件25/62普劳曼诉委员会[1963]ECR 95:"申请人必须证明决定影响到他们:由于对他们而言某些特殊的属性,或由于某些特殊环境使他们与其他人有所区别,从而使他们与其他人单独区别的程度达到了与直接与自己有关的案件一样的水平。"

[43] 参见例如C-6/08 P美国科西奇钢厂诉委员会,2008年6月19日法院命令(第六庭),参见http://curia.europa.eu/juris/document/document.jsf? text=&docid=67979&pageIndex=0&doclang=en&mode=lst&dir=&occ=first&part=1&cid=824625。

除程序(TFEU第263条)对欧盟法案提出异议的法律救济措施得以强化。在《里斯本条约》生效后,欧盟的立法性法案仍然要求对法案提出异议的原告达到非常苛刻的普劳曼检验标准。

欧盟法案中的规制性法案、不需要执行措施的法案、一般适用的法案和被视为非立法性的法案㊹只需要"直接的利益关切"即可。尽管条例和指令可能是"非立法性"的法案,但委员会的决定一般被归为"非立法性法案",因为大多数情况下委员会的决定是用非立法性程序通过的。

尽管《里斯本条约》在诉讼主体地位方面带来了巨大的进步,今天对有关私人主体在 NAPs 问题上诉讼地位的案件的判决并不会有所不同。TFEU 第263(4)条仅适用于不需要执行措施的规制性法案。欧盟委员会对 NAP 的决定需要执行措施。因此,仍然需要证明存在直接和个人的利益关切。对自然人和法人而言,由于欧盟委员会的决定未产生影响其法律状况的直接效果,因此证明存在直接利益关切非常困难。当然,他们的经济状况可能受到了影响,但是他们并未被剥夺此前已经享有的权利。在这些案件中,私人主体无法对委员会的决定(按废除程序)直接提出法律异议,他们需要依赖成员国提出的诉讼。

但是,通过 TFEU 第 267 条的初步裁决程序,仍然存在对欧盟的法案间接提出异议的可能性。《欧洲联盟条约》(TEU)第 19(1)条要求成员国提供充分的法律救济,确保在欧盟法所覆盖的领域有有效的法律保护。这项规定会要求成员国确保对规制性法案合法性提出质疑的初步裁决给予协助,以确保对个人的有效法律保护。

尽管《里斯本条约》使自然人和法律人依据欧盟法提起诉讼的前景大为改观,但是在许多案件中,诉讼主体地位仍然会受到限制。在 EU ETS 的第三交易期,不再有 NAPs,欧盟委员会对 EU ETS 发挥着更具主导性的作用。或许在委员会做出了不需要执行措施的决定的情况下,关于诉讼主体地位的新规则会加强对自然人和法人的法律保护。

在澳大利亚,即使是在排放权交易体系的初期,与气候变化有关的案件

㊹　参见 T-18/10 加拿大因纽特团结组织和其他诉欧洲议会和欧盟理事会(尚未公布)第65 段和 C-583/11 P 加拿大因纽特团结组织和其他诉欧洲议会和欧盟理事会,2013 年 1 月 17 日总法务官科特的意见,第 43 段,参见 http://curia. europa. eu/juris/document/document. jsf? text = &docid = 132541&pageIndex = 0&doclang = EN&mode = lst&dir = &occ = first&part = 1&cid = 822850。

也已经有很长的争讼历史了。在霍顿诉规划部部长案[45]中，按照1979年《环境规划与评价法案》(新南威尔士)，否决了原告的诉讼主体地位。本案中所争论的问题是对规划部长为发电厂项目概念规划有条件的批准决定所提出的异议。原告依据高等法院在柯克诉新南威尔士工业法院案[46]中的判决，认为新南威尔士州的立法不能解除在行政权行使超出法定(管辖)界限时法院对行政权决定和执行(管辖)限制的管辖权。此外，原告还称规划部部长的决定属于管辖错误。尽管原告承认新南威尔士州立法中相关部分适用于非管辖错误，但是对相关规定的解释必须使基于管辖错误提起的对规划部长决定的异议能够被接受。

法院认可了原告的诉讼主体地位。这个决定考虑了四个问题。第一，根据《环境规划与评价法案》，任何个人都有启动这一程序的法定权利。第二，法院指出，原告在这件事情上有充分的权利或利益。第三，法院认为法案和文件的解释不能超过新南威尔士州议会的立法权。[47] 第四，法院指出成文法只能禁止高等法院享有管辖权，并且法院承认了原告的诉讼主体地位。因此即便依据法律不应当允许司法审查，但是法院仍然准许进行司法审查。

诉讼主体地位不仅对自然人或法人是一个问题。在气候变化法和排放权交易的背景下，利益相关者频频以某些公司群体的名义(如商会)或以社会利益的名义(如环保NGO)寻求诉讼主体地位。

在全美商会和美国汽车经销商协会诉环保署案[48]中，哥伦比亚特区上诉法院对商会组织在与温室气体排放有关的案件中的诉讼主体地位做出裁定。法院认为：

> 商会组织如果以商会的地位提起诉讼，必须证明至少有一个具体成员遭受了事实损害……起码必须确凿地证明遭受事实损害方的身份。

就证明"事实损害"而言，原告不能仅凭猜测，而必须证明损害是"实际的或迫近的，不是臆想的或假设的……并且在损害和被诉行为之间有因果联系"。这就排除了不是基于义务的责任体系，并且"可能的"损害需要"高

    ㉟ 霍顿诉规划部部长和麦夸里发电公司；霍顿诉规划部部长和TRU能源私人有限公司[2011]NSWLEC 217。

    ㊱ 柯克诉新南威尔士工业法院(2010)239 CLR 531。

    ㊲ 《1987年解释法案》(新南威尔士)，s 31(2)。

    ㊳ 全美商会(NCC)和美国汽车经销商会(NADA)诉环保署，42《联邦判例汇编》3d 192,73 ERC 1379,395 哥伦比亚特区上诉法院 193,2011年4月29日。

度盖然性的"证据。因此,原告的两个主张都没有被接受——本案所争议的汽车标准会导致(ⅰ)汽车生产厂商不得不调整原本准备销售到加州去的汽车结构组合(发货组合);(ⅱ)由于该标准导致价格上涨,汽车经销商要么失去顾客,要么降低利润率。原告借助汽车公司的销售计划证明这一点(如克莱斯勒公司报告称如果标准通过的话,他们不得不将限售作为最后手段),而被告则用政府的报告为自己辩护。法院认为被告的观点更为令人信服,实际上接受了加州空气资源管理局的观点:

到完全采用加利福尼亚标准的时候,平均汽车成本的增加都会被在汽车整个寿命期内所节约的燃料成本所抵消,最终使汽车实际价格下降。

185

被赋予诉讼主体地位、对加利福尼亚空气资源管理局提出异议的"义愤居民协会"[49]如果放在欧盟,不会有诉讼主体地位。前面已经解释过,在欧盟,获得诉讼主体地位的主要障碍是普劳曼检验标准所要求的"个人利益关切"举证责任过高。由于证明对公共利益的损害要比证明对物质利益的损害更难,所以利益群体很难获得诉讼主体地位。只有在下列情况下,利益群体才会有诉讼主体地位:(ⅰ)为使其在法院获得保护,通过政治过程授予其特定的程序特权;(ⅱ)其成员有个人利益关切;或者(ⅲ)在谈判中欧盟机构承认这些利益群体为主要"对话者"。[50]例如,欧洲钢铁工业协会(Eurofer)力图推翻欧盟委员会关于在欧盟内部跨境协调排放配额免费分配的规则,[51]但是由于其成员没有个人利益关切,所以其诉讼主体地位未被承认。

(二)合理期待

气候变化政策是在科学不确定性的背景下执行的。[52]随着对人为温室气体影响的科学理解不断深入,政策会发生变化。这种变化不会是突变:如针对20年的时间跨度所制订的投资计划不再被认为是风险很高的计划。

---

[49] 义愤居民协会诉加利福尼亚空气资源管理局 42 ELR 20127 No. A132165(加利福尼亚第一区上诉法院,2012年6月19日)。

[50] 参见 T-585/93 绿色和平和其他诉委员会[1995]ECR Ⅱ-2205;案件 T-38/98 意大利农业种植者协会诉理事会[1998]ECR Ⅱ-4191。

[51] T-381/11 欧洲钢铁工业协会(Eurofer)ASBL 诉欧委会,2012年6月4日(尚未公布结果)。

[52] 本节基于 Chalmers 和 Tomkins(2007),第412页。

人们常说市场主体的"合理期待"被破坏了;因此值得对"合理期待"予以关注。合理期待经常和法律确定性联系在一起。这个概念的基础在于诚信。这个概念要求一旦监管者诱使商业主体以某种方式行事,监管者就不应改变其自身的行为,以至于给商业主体带来损失。

186 　　在布兰科案㊿中法院审查了三个条件。第一,由欧盟有关机构通过权威的、可靠的来源对相关人员做出准确、无条件和一贯的保证。这种保证不需要指明申请者的名字。这种保证也可能与引发期待的某项一般性声明或具体举动有关。第二,这种保证必须使被保证的人产生合理期待。用通常的、谨慎的商人的行为作为客观标准。㊾ 第三,做出的保证必须符合相关法律。

　　在米尔德案中,根据欧盟共同农业政策,有位农民受到鼓励,停止生产牛奶五年。㊺ 当他想恢复牛奶生产时,却由于他在前一年中没有生产牛奶,因此无法得到配额。配额规则是在他停止生产牛奶的五年中引入的。法院认为当生产者因共同体措施的鼓励为了公共利益在短期内减产时,生产者可以合理地期待不受到限制措施的影响,因为他是在服从共同体的规定。这被认为与现存的政策框架不符。

　　政策逆转没有破坏合理期待。相反,这被认为是立法自由,因为谨慎的商人应该将法律变化的可能性考虑在内。㊽ 在例外的情况下,法院也愿意承认合理期待。在法国全国农业技术社有限公司(CNTA)案中,没有提供过渡期便停止补贴立即产生了始料未及的财务影响,法院认为违反了合理期待。㊼ 毕竟即便是谨慎的商人也无法避免不可预见的成本。

　　在排放权交易体系的语境下,法院的推理方式可能也是相同的。因此,EU ETS 中的相关实体不能依赖合理期待。

(三)预防原则

187 　　尽管无法对预防原则进行详细讨论,但仍须指出,在判例法中,这项原

㊿　T－347/03 布兰科诉委员会[2005] ECR II－255,第 102 段。
㊾　案件 265/85 范登伯格和尤尔根斯诉委员会[1987] ECR 1155。
㊺　案件 120/86 米尔德诉农业和渔业部长[1988] ECR 2321。
㊽　案件 52/81 福斯特诉委员会[1982] ECR 3745。
㊼　案件 74/74 法国全国农业技术社(CNTA)有限公司诉委员会[1975] ECR 533。

则越来越重要。澳大利亚绿色和平诉雷德班克电力公司案[58]适用了这项规则。澳大利亚绿色和平依据《环境规划与评价法案》对在亨利谷建造一座发电厂的开发批准提出了异议。原告称发电厂会加剧温室效应,令人无法接受,要求法院适用《国际环境保护法案》的预防原则,撤销开发批准。

法院认为预防原则要求对影响授予开发批准的各项因素进行审慎考察;但是预防原则没有要求将温室气体效应优先于其他因素予以考虑。法院考虑到环境和社会方面的其他积极影响,没有同意原告的请求。

五、结语

本章讨论了与气候变化问题有关的大量案件。这些案件来自不同的司法管辖区、不同的排放权交易体系和不同的法律领域。本章讨论了多个法律问题,若干不应被低估的法律领域,以及启动排放权交易体系时的关键问题,因此本章无法得出非常具体的结论,这一点不足为奇。但是在抽象层面上,本章对于为排放权交易体系的设计者带来了重要的信息。

本章表明,即便排放权交易体系是一种经济工具,但是在这种经济工具基础上所产生的法律问题的类型纷繁复杂。此外,法律问题从哪个方向出现,颇难预料。因此在设计排放权交易体系的时候,法律家应积极参与,发挥重要作用。迄今为止,法律家的作用被大大低估了。法律家能指出排放权交易体系设计和运作过程中的潜在的法律异议和缺陷,因此在排放权交易体系的设计过程中发挥着非常重要的作用。188

---

[58] 澳大利亚绿色和平有限公司诉雷德班克电力私人有限公司 86 LGERA 143;1994 WL 1657428。

第九章 排放权交易体系的连接

一、导论

在过去几十年中,全球范围内对气候变化的关注在加深;但相对而言,直到最近才有应对气候变化的实质性努力。在国际层面上,1997年的《京都议定书》力图打造一个全球气候联盟。尽管《京都议定书》在降低大气中温室气体浓度方面并不成功,但它引发了在国家和区域层面上采取措施,运用以市场为基础的手段,通过有成本效率的方式,控制温室气体排放。

由此继续推进、并应对全球变暖的可选方法之一,是把现在和将来的排放权交易体系"连接"起来,而不必等各国就全球气候变化协定达成一致。通常把"连接"定义为允许参加某一交易体系的主体用另一交易体系发放的排放权来完成其国内履约义务。[①] 连接排放权交易体系有望在更大的市场范围内产生更多的减排机会,促进流动性,使资源获得更有效的配置。[②]

尽管迄今为止,"连接"问题已经获得了学术文献的关注,但是对"连接"的法律问题研究甚少,从法律经济分析角度进行的研究当然更无从谈起。法律经济分析更聚焦于发现法律障碍,而不是寻找法律解决方案。本

---

① Haites(2003).

② Baron 和 Philibert(2005)。

章关注通过将某一排放权交易体系与其他排放权交易体系连接,从而扩大来自某一排放权交易体系的利益的可能性。由于设计方面的属性可能会决定将排放权交易体系进行连接的能力,所以本章会讨论"和谁"建立排放权交易体系的问题。本章的分析首先论述排放权交易体系连接的一般背景(第二节);为了说明连接何以具有吸引力,本章接着论述连接带来的好处(第三节);其后,本章对连接过程中遇到的障碍进行评估(第四节);第五节讨论迄今在连接排放权交易体系的经验中遇到的实践障碍;第六节是结论。

二、背景

过去十年,排放权交易体系作为基于市场的污染控制手段有了大幅增长。在欧盟和挪威,排放权交易体系于 2005 年开始运行,瑞典于 2008 年启动其排放权交易体系。在大西洋的另一侧,美国和加拿大的地方性排放权交易体系正在萌芽。区域温室气体倡议(Regional Greenhouse Gas Initiative, RGGI)[3]、中西部温室气体减排协议(Midwestern Greenhouse Gas Accord, MGGA)[4]和西部气候倡议(Western Climate Initiative, WCI)[5]是该地区主要的已经存在的或拟议中的排放权交易体系。不仅在美国,在亚太也有排放权交易体系出现。新西兰的排放权交易体系从 2008 年就开始运行了;澳大利亚最近通过一项法案,引入排放权交易体系,2011 年 7 月开始以固定价格运行,经过过渡期后,2015 年起按照灵活的市场定价运行;[6]韩国也将于 2015 年引入强制性的排放权交易体系;中国正在进行数个排放权交易试点

190

---

③　RGGI 是一个由美国东北部十个州(康涅狄格、特拉华、缅因、马里兰、马萨诸塞、新罕布什尔、新泽西、纽约、罗德岛和佛蒙特)于 2009 年建立的一个地方性的强制总量与交易计划。该计划对十个伙伴州的发电厂排放的 CO_2 进行监管。

④　中西部温室气体减排协议是美国六个州(明尼苏达、威斯康星、伊利诺伊、爱荷华、密歇根和堪萨斯)以及加拿大曼尼托巴省之间的协议。该协议旨在发展总量与交易计划,应对气候变化。但该协议没有规定何时启动。

⑤　西部气候倡议(WCI)起初由美国七个州(亚利桑那、加利福尼亚、蒙大拿、新墨西哥、俄勒冈、犹他和华盛顿)和加拿大四个省(英属哥伦比亚、曼尼托巴、安大略和魁北克)联合组成。这些成员从 2007 年开始一道识别、评估和执行应对气候变化的政策。到 2011 年 12 月,除了加利福尼亚以外的其他美国成员均退出了西部气候倡议。加利福尼亚和魁北克已经开始了他们各自的第一个履约期的总量与交易体系。加利福尼亚空气资源局将 2014 年 1 月 1 日定为加州和魁北克的总量与交易体系建立连接的日期。

⑥　Point Carbon(2011 a);Jones 等(2011)。

项目,并有可能在近期引入碳税计划。

尽管各国防止气候变化的努力与日俱增,但全球变暖仍然是一个威胁。最近在哥本哈根召开的《联合国气候变化框架公约》第十五次缔约方大会就全球气候变化的谈判未能成功,这是一个非常明显的信号:国际社会尚未准备好以集体行动应对这一挑战。哥本哈根谈判有一个雄心勃勃的目标:达成一项成熟的、有法律约束力的气候变化协议。该协议将制定一个整体性的框架以便:(1)到 2050 年之前达成实质性的减排;(2)适应气候变化带来的不可避免的后果;(3)从发达国家向发展中国家转让大量的资金和技术,使后者可以减少排放,适应气候变化。由于这些谈判没有结果,对谈判者来说,一个真正的全球解决方案已经没有什么吸引力了。

2010 年,在坎昆举行的第十六次缔约方大会上,没有讨论关于全球变暖的国际协议的问题,但是延长了《京都议定书》特设工作组(AGW – KP)的授权。坎昆回合最引人注目的成果,是确认了进行全球减排使全球平均气温的升高不超过 2°C,建立绿色气候基金(到 2020 年前每年筹集 1000 亿美元)和气候技术中心与网络。

在德班召开的第十七次缔约方大会上,各国(包括 38 个工业化国家)政府同意建立《京都议定书》第二承诺期:从 2013 年 1 月 1 日至 2020 年。2020年后将有一份关于气候变化的普遍的法律协议生效,而这份协议要在 2015 年达成一致。为达此目的,建立了德班增强行动平台特设工作组(AGP – DP)。

在多哈召开的第十八次缔约方大会上,对《京都议定书》进行了修改,为其延期做准备。由于在《京都议定书》第二履约期有数个缔约方不会承担温室气体减排义务,所以德班增加行动平台特设工作组(AGP – DP)为达成全球气候变化协议铺平道路的工作就越发重要。新形成的防止气候变化的联盟看起来仍然十分脆弱。因此将已有的排放权交易体系连接起来会是应对气候变化的有效途径。

191

三、连接的好处

大部分已有的和新兴的排放权交易体系都与京都清洁发展机制(CDM)有单边连接。不过,尽管有这些与 CDM 的单边连接,但已有的排放权交易体系彼此是孤立的。⑦ 当两个或多个排放权交易体系连接时,其中

---

⑦　Turek 等(2009)。

一个市场上的配额价格会升高,另一个市场上的配额价格会下降,直到配额价格部分或全部趋同。由于连接后,成本最低的减排选项会传播到全世界,所以配额价格趋同会把这些成本最低的减排选项都用掉,导致以可能的最低价格达到环境目标。⑧ 此外,通过扩大排放权交易市场和创造排放权交易体系间交易的机会,连接将导致碳市场更具有流动性,价格信号更为稳定。⑨ 统一的配额价格还会消除因"连接前"配额价格不一致而产生的对竞争的扭曲。

连接在政治领域也发挥着重要作用。由于气候变化是一个跨境的环境问题,且世界经济由于贸易和资本的流动变得越来越相互依赖,因此国际合作在应对全球变暖中处于核心位置。在这种国际气候联盟的演进过程中,连接发挥着三种作用。

第一,区域的、国家的、亚国家的排放权交易体系之间的连接网络,再加上单方减排承诺,会产生"由下而上"的国际气候联盟。⑩ 排放权交易体系的迅速增加有助于为气候变化的政治解决方案铺平道路。在国际利益难以协调、建立由上而下的国际气候联盟变得越发困难的时候,这一作用显得尤为重要。因此在由上而下的气候谈判无法为全球变暖提供及时的解决方案时,连接是一种重要的"次优"解决方案。⑪

第二,有人提出,排放权交易体系之间的成功合作会使结成伙伴关系的国家珍视这种经验,产生更多互信。因此,通过强调成功合作,使彼此不同但相互连接的排放权交易体系拼接组合,能够产生推动全球气候变化解决方案的新动力。在这个意义上,连接不仅是全球协议无法达成情况下的次优解决方案,而且是由上而下的气候政策结构演进的垫脚石。⑫ 也有这样的可能:某一两种排放权交易体系的成功扩散导致路径依赖,增加了不参加这一两种排放权交易体系的成本。在这个意义上,某种排放权交易体系的扩张一经启动,就成为一个自我实现的预言。在与 EU ETS 的连接谈判中,瑞士和澳大利亚(以及在较低程度上的新西兰)所采取的调适措施似乎证实了这一点。

192

⑧　Jeffe 和 Stavins(2007);Tuerk 等(2009);Flachsland,Marschinski 和 Edenhofer(2009a);Grull 和 Taschini(2010)。

⑨　Jaffe 和 Stavins(2007);Tuerk 等(2009)。

⑩　Aldy 和 Stavins(2011)。

⑪　Flachsland,Marschinski 和 Edenhofer(2009b)。

⑫　Aldy 和 Stavins(2011)。

最后,排放权交易体系的连接实现了成本节约和其他经济方面的益处。这会促使决策者在未来更为广阔的气候政策框架中,对与其他排放权交易体系连接作出规定。[13]

四、连接的障碍

尽管有前面提到的政治和经济方面的益处,连接也面临一些障碍:我们首先讨论丧失自主权,然后讨论游说和不同司法管辖区之间气候变化政策的兼容性问题。

丧失自主权

在政府丧失其对各自排放权交易体系的规制控制的意义上,连接导致某种形式的"主权分享"。[14] 某一连接伙伴采取的措施会传播到整个相互连接的体系,并产生持续影响。[15] 此外,一国向低碳经济转型的速度很大程度上取决于在整个连接的排放权交易体系中所通行的配额价格。失去规制控制给国内气候变化减缓政策的某些方面带来威胁,会使某些政府进行连接的政治意愿下降。

193

如果某一排放权交易体系已经与另一个排放权交易体系连接,那么再与其他排放权交易体系进行连接可能会产生问题。与政策目标更为严厉的伙伴进行连接可能会影响到被连接的排放权交易体系的利益,并因此限制再建立其他连接的自由。如果在连接谈判过程中,有必要改革排放权交易体系,为了不危及已经存在的合作,这种改革可能需要现有连接伙伴的同意。

游说和寻租

在排放权交易体系之间建立单边或双边连接对相关司法管辖区所覆盖的排放者会产生影响。从政策制定和谈判的角度来看,有两种影响非常重要。第一,连接导致互联的排放权交易体系中的配额价格趋同。这意味着在某些司法管辖区内,配额价格会比连接前升高;而在另一些司法管辖区内,配额价格会比连接前降低。在彼此连接的司法管辖区内,这将不可避免地导致有人获益,有人蒙受损失。在配额价格升高时,配额的净卖家会获

---

[13] 同上。

[14] Granaut(2011).

[15] Jaffe 和 Stavins(2007)。

益。相反,配额的净买家和使用排放密集产品的消费者会蒙受损失。第二,在配额价格降低时,会发生相反的情况。由于在排放权交易体系中,有人获益,有人蒙受损失,因此排放权交易体系的连接导致了交易体系之内和交易体系之间的财富再分配。必须强调的是,交易理论的一般结论是成立的,即交易会使两个经济体都受益,并且理论上讲,获益者所得会大大超过蒙受损失者的所失。不过,从政策制定者的角度来说,连接中的蒙受损失者会参与到阻止连接的游说中,而连接中的获益者会参与到促进连接的游说中(寻租)。这种行为会减少社会福利,甚至会给连接创造(政治)障碍。

兼容性问题

连接的障碍不仅来自丧失自主性或游说,还来自已有的和拟议中的排放权交易体系在设计上的差异。这些排放权交易体系在规模、设计属性和地理范围上都有很大差异。[16] 例如,在不同交易体系间,关于配额分配、抵消、安全阀、储存和预借的规定相差甚大。由于设计属性是经济、法律和政治因素所决定的,[17]解决这些障碍需要在影响排放权交易设计的、彼此有竞争关系的政策考量之间达到一种复杂的平衡。我们要考虑的因素包括:(1)排放权交易体系的覆盖范围;(2)政策目标的严厉程度;(3)政策工具的性质;(4)分配机制;(5)新进入者;(6)事后调整;(7)防止泄漏;(8)抵消规定;(9)储存和预借;(10)环境效能;(11)隐私和数据保护标准。下面会讨论每个因素。值得一提的是,这些因素的许多差异都成为谈判的障碍,但并不是连接的绝对障碍,因为排放者在连接情景下遇到的经济问题在没有连接的情景下也同样会遇到。

194

(一)交易体系的覆盖范围

在覆盖范围方面,排放权交易体系有很大差异。排放权交易体系可以覆盖不同的工业和农业部门,或者这些部门中适用不同基准线的排放设施,或者不同的温室气体。覆盖范围的不同会导致市场流动性、排放权交易体系的运作成本和相关主体的成本负担的不同。而这又会影响企业的竞争地位。这也会使各排放权交易体系未来的配额价格变动更加难以预测。

---

[16] Tuerk 等(2009)。
[17] Behr、Witte、Hoxtell 和 Manzer(2009)。

如第四章所述,EU ETS 覆盖五个部门的静态排放源:能源(包括电力和炼油)、黑色金属(钢铁)生产加工、矿物(水泥、玻璃和陶瓷)、纸浆和造纸。EU ETS 也覆盖航空部门,可能最终会扩展至海运。与此形成对照的是,美国的 RGGI 只覆盖来自大约 200 家使用化石燃料的火力发电厂的二氧化碳排放,不涉及其他部门。在 RGGI 体系中,只包括超过 25 兆瓦的火力发电设施所产生的排放,而 EU ETS 中排放设施的阈值为 20 兆瓦。如果小型排放设施的排放量不超过 25,000 吨二氧化碳当量且如果从事燃烧活动的,热输入值低于 35 兆瓦,可以免于参加 EU ETS。[18]

与此类似,在排放权交易体系所覆盖的温室气体类型方面,也存在差异。在澳大利亚,包括二氧化碳、甲烷、氧化亚氮和全氟化碳,而在一些其他交易体系(如 EU ETS、新西兰和韩国)中,所有六种主要温室气体都要依法纳入。

(二)政策目标的严厉程度

在不同司法管辖区中,对气候变化义务的政治接受程度有很大差别。例如,欧盟希望到 2020 年时温室气体排放比 1990 年低 20%;或者如果其他经济体做出让步,公正履行各自预防气候变化的义务的话,则到 2020 年,欧盟温室气体排放要比 1990 年低 30%。欧盟希望到 2050 年,其温室气体排放水平比 1990 年低 80% ~ 95%。澳大利亚的政治家希望到 2020 年时,排放水平比 2000 年低 5%,到 2050 年时,排放水平比 2000 年低 80%。用于设定基准线的不同日期会导致不同司法管辖区减排目标的严厉程度不同。

中国已经承认气候变化是一个重要的挑战。和在绝对减排量基础上设定减排目标的欧盟不同的是,中国使用强度目标。在"十二五"规划中,中国设定了到 2015 年时每单位 GDP 的碳强度比 2005 年降低 17% 的目标。[19]这将使中国在履行其到 2020 年单位 GDP 碳强度比 2005 年降低 40% ~ 45% 承诺的道路上迈出重要一步。

不同的目标设定会使评估现有或正在出现的排放权交易体系的严厉程度变得复杂。排放权交易体系的严厉程度会直接影响到排放配额的价格,

---

[18] 指令 2009/29/EC,第 27 条。

[19] Sandbag(2012),第 12 页。

并因此影响交易体系所覆盖主体的竞争力。在目标选择方面的这种差异会
使谈判者难以评估连接过程对不同利益相关者的影响。 196

（三）政策工具的性质

各司法管辖区可以在多重应对气候变化的工具中进行选择。例如，它
们可以使用基于总量与交易的排放权交易体系、税收、碳价区间体系（在碳
价上限和碳价下限的区间内浮动的总量与交易体系），或者也可以选择在
没有固定排放总量的情况下的信用交易体系——PSR 体系。如果仅适用碳
税，和这样的体系是不可能连接的，因为这种体系中不存在排放配额。我们
下面讨论总量与交易体系和碳价区间体系及 PSR 体系之间的连接。

在 2009 年，有一项研究基于麦基宾和威尔科克森的成果提出了碳价上
限的想法，[20]然后在将其与碳价下限合在一起，成为连接排放权交易体系的
一种有效方法。[21] 这背后的想法是建立一个让交易体系能上下波动的碳价
区间体系。这个区间越狭窄，就越与其他司法管辖区中的碳税体系具有可
比性。由于碳价区间体系的价格波动比总量与交易体系的价格波动要小，
所以这种体系中排放者的努力更具有可比性。

澳大利亚计划在 2015 年引入这种碳价区间体系（从 2015 年 7 月 1 日
开始运作到 2018 年 6 月 30 日）。在此之前，澳大利亚碳定价机制（CPM）
会在与税收制度类似的固定收费制度的基础上运行。作为正在与欧盟进行
的连接谈判的一部分，澳大利亚已经放弃了碳价下限，使其排放权交易体系
与欧盟更为接近。[22]

澳大利亚碳定价中，2015～2016 年的碳价下限被设定在每吨二氧化碳
当量 15 澳元。为了针对通货膨胀进行调节，碳价下限扣除物价因素每年上
涨 4%。[23] 碳价下限是以澳大利亚碳单位的拍卖保留价的方式[24]和合格的 197

---

[20]　McKibbin 和 Wilcoxen（2002）。

[21]　Price Water House Coopers（2009）.

[22]　《清洁能源修正（国际排放权交易及其他措施）法案》（2012），包含了废止碳价下限的内
容。该法案于 2012 年 11 月 26 日经议会两院批准。

[23]　参见澳大利亚联邦（2011），第 104 页。

[24]　澳大利亚碳单位是由碳定价机制的管理者签发的国内碳通货，代表一吨二氧化碳当量
的温室气体排放。参见气候变化与能效部（2011），第 91 页。

国际排放单位的补缴费（surrender charge）[25]的方式运作。解约费用旨在将国际排放单位的费用涨到澳大利亚碳价下限的水平上。在这个意义上，解约费用相当于一种税收。

尽管废除了碳价下限，但是碳价上限得以保留。2014年的规章将碳价上限定在20澳元，高于对2015～2016年国际价格的预期，并且扣除物价因素后每年上涨5%。[26] 如果触发了价格上限，则监管者会发行与固定价格期（2012年7月至2015年6月）类似的固定价格的碳单位。[27]

将碳价区间体系和总量与交易体系连接有实际意义。为说明其实际意义，我们假定澳大利亚仍然采用碳价区间体系，并且将会与EU ETS建立单向连接。这意味着EUAs可以在澳大利亚用于履约。如果由于某种原因，澳大利亚的配额价格下跌到碳价下限之下，则国家有义务支持澳大利亚的碳价。这可以通过有保留价拍卖的方式来实现，也可以通过对抵消征税来实现。在单边连接的情况下，澳大利亚的排放者可以使用EUAs来履约，但是EUAs和其他抵消不会区别对待。这意味着当触发价格下限时，对EUAs的需求是有限的。考虑到EU ETS目前的过度供给状况，欧盟委员会要求废除价格下限就不那么让人感到意外了。[28]

但是，值得提及的是，澳大利亚的价格上限依然存在。在双边连接的框架下，触发价格上限会导致政府供给配额，这也会影响到EU ETS覆盖的排放者所能得到的供给。在双边连接的情况下，这会直接减少EU ETS中对排放者的供给，并因此限制EUA价格上涨。在这个方面，欧盟委员会似乎还不是太担心。

除了碳价区间体系外，政策制定者也可以选择像PSR体系这样的信用与交易体系。在这种体系中，排放者可以自由排放，但是必须将其实际排放水平与政府标准进行比较。如果超额履约，企业会获得碳信用；如果履约不足，则需要额外购买信用。排放主体必须为每一吨超排负责，如果买不到信用的话，就要支付罚款。和EU ETS不同的是，在PSR体系中配额不是由政

---

[25] 同上，第91页。

[26] 参见澳大利亚联邦（2011），第104页。欧盟配额（EUAs）的价格将被作为价格上限的参考，参见http://www. cleanenergyfuture. gov. au/wp-content/uploads/2012/08/CEF-FS43 – Linking-liable-entities. pdf（2012年12月11日最后访问）。

[27] 气候变化与能效部（2011），第91页。

[28] 当然，另外一个解释是，欧盟委员会反对在EU ETS中有任何"价格设定"或"价格定位"行为。

府创造出来然后分配给排放主体的,配额是依法自动产生的。法令要求排放主体遵守特定的排放标准,由第三方核证并向政府报告。当政府在监测方面发挥积极作用时,政府不是以市场主体的身份参与;政府采取的是一种自由放任的方法,将其职能限制在创制规则方面。

由于 PSR 体系没有具有约束力的排放总量,因此无法确保这种排放权交易体系中的价格变动和总量与交易体系中的价格变动具有可比性。成本的差异可能削弱那些承担更高配额价格的企业的竞争力——需要强调的是,即便在排放权交易体系没有连接的情况下也存在这种比较劣势。如果谈判导致在 PSR 体系中引入排放目标,对排放标准进行自动调整,以便在信用市场上创造出额外的稀缺性,则连接甚为有益。这将有助于限制总量与交易体系和 PSR 体系之间的价格差异。

(四)分配机制

不同的分配机制对连接的排放权交易体系会产生不同的分配影响。显然,如果某个交易体系中的排放者按照历史法(祖父法)获得配额,而在另一个交易体系中与其类似的排放者却需要在拍卖中为配额付费,则后者会居于比较劣势——当然不是因为配额的市场价格不同,而是因为后者需要为购买配额准备现金。与此类似,如果拍卖收入指定用于适应、能源部门转型方面的投资或返还给覆盖实体,而不是成为一般预算的一部分的话,会扭曲排放者之间的竞争。当然,在排放权交易体系没有连接的情况下,也会存在这种扭曲;但是在排放权交易体系连接时,这会成为一个有争议的政治问题。为了使两个排放权交易体系的连接在政治上可行,必须对分配机制进行协调。

我们自然还可以想到,在某个排放权交易体系中,如果具体的分配机制对某一特定利益相关者群体有利,这一利益群体也会从连接中受益,因为他们是在优惠基础上获得配额的,或者因为由于连接导致履约成本更低。如果在连接协议中的赢家在寻租活动中获得成功,则大部分排放权交易体系所覆盖的主体可能未必赞同连接。在这种情况下,分配机制的差异一方面是连接的障碍,另一方面会成为连接的催化剂,因为那些组织有序、神通广大的团体可以对决策过程发生影响。

不同的分配方式阻碍了减排成本的同等化。例如,如果未来交易期的

199

免费分配基于排放者在当前交易期的排放或产出（分配基数更新），在这种情况下，交易体系所覆盖的实体在决定减排还是减产的时候必须考虑未来所分配的配额的减少。在考察连接产生的结果时，必须考虑这种生产补贴。[29] 显然这种增加边际减排成本补贴也会扭曲排放权交易体系中的减排行为：在新政策下，交易体系的减排会下降。

（五）新进入者

在排放权交易体系的框架下，对于怎样对待新进入者有很多讨论。因为排放权交易体系的设计必须允许新的排放者进入市场，与现有的排放者展开竞争。如果新进入者无法按已有排放者的条件获得排放配额，则新进入者会处于相对劣势。如果新进入者无法进入金融市场，他们也就根本无法进入相关行业市场。对新进入者的待遇对连接谈判会产生两种影响。第一，如果在其他条件都相同的情况下，某一司法管辖区对新进入者的待遇好于其他司法管辖区，新进入者很有可能进入对他们给予优待的市场。第二，如果在交易期结束的时候，未注销的新进入者储备投入市场，配额供给会增加，而价格会降低。这会降低两个排放权交易体系中的配额市场价格。这会让利益相关者受益或受损，潜在地削弱交易体系的环境效能，并对需要较高二氧化碳价格以刺激投资的其他能源政策产生影响。

（六）事后调整

事后调整是一个含义广泛的术语，在不同情境下有不同含义。事后调整发生在：（1）排放企业层面上，并且只关系到对整体配额数量和价格只有很小影响的调整；（2）当市场价格被认为过低，不足以刺激投资，或危机交易体系的环境完整性时，可以用事后调整排放权交易体系的整体安全阀；[30]（3）用事后调整来修正通过抵消项目所产生的配额数量。由于抵消项目发

---

[29] Hepburn 等（2006）。

[30] 当然，事后调整也可以用来增加市场上的配额数量，例如在覆盖部门的成本负担过高的情况下。第四章所讨论的触发价格或价格上限，就是这种事后调整的例子。

生在排放权交易体系之外,只决定抵消的总供给,因此不在这里讨论。我们讨论前两种事后调整对排放权交易体系连接的影响。

以 EU ETS 为例,事后调整经常用来描述把免费分配给排放者,但由于生产设施产能下降或关闭而没有使用的配额进行再分配的过程。在第一交易期,对这个问题有许多讨论。现在,在第三交易期,很大一部分配额拍卖,因此这个问题不严重了。在发生工厂关闭或减产的情况下,考虑历史生产水平的基准线体系仍然要进行事后调整。

201

但是,从政治角度来看,值得指出的是,欧盟委员会对任何形式的事后调整都持强烈反对立场。因此从连接的角度来看,可以预期,委员会不会对与包含事后调整规则的排放权交易体系的连接感兴趣。但是总体而言,关闭规则不太可能对配额的整体数量有大的影响,因此不应当成为连接的主要障碍。

大规模事后调整的必要性可能来自排放权交易体系的系统性问题。例如,在配额过度供给的情况下,市场价格可能太低,以至于无法刺激绿色投资。这种情况可能是因为过度分配,也可能是因为经济衰退。EU ETS 现在正饱受因欧盟经济衰退导致的严重过度供给之苦。欧盟委员会力图解决这个问题:首先将 9 亿吨的二氧化碳配额折量拍卖到 2019 年和 2020 年,然后要求立法者通过新的规则,撤销这些配额。如(第四章中)所讨论过的,欧洲议会投票反对这个建议,但是预期在 2013 年夏天会有一次新的投票。

系统的事后调整也可能是出于对排放权交易体系环境完整性的关切。例如,如果 PSR 体系有具体的气候政策目标,立法者必须调整绩效标准,以达到期望的目标。在这种情况下,事后调整会非常敏感,调整绩效标准的决策可能在设计时就要求不具有溯及力。这种调整会影响到排放权交易体系当下在某一个交易期的发展,并因此对被连接的排放权交易体系产生无法预期的影响,在这个意义上,这种调整也可以被视为事后调整。

在某一排放权交易体系中大规模的事后调整也会对与其连接的排放权交易体系产生直接影响。某一排放权交易体系中配额量的减少会影响两个交易体系中配额的供给和需求,并因此影响配额的价格。不同的事后调整规则会导致排放权交易体系的兼容性问题,还有相关产业的竞争力转移的问题,以及政治上的敌对情绪。

(七)防止泄漏

202 防止泄漏是立法者所提供的防止去工业化(生产、雇佣和劳动转移到另一个国家)的措施。在相关文献中,当配额价格不太高时,无须对去工业化过于担忧。但是在连接排放权交易体系时,去工业化仍然会是一个问题。由于政策措施不尽相同,不同司法管辖区中相互有竞争关系的排放者的成本负担也不一样,这也会引起竞争方面的担忧。这种情况会导致在两个司法管辖区内都出现游说活动。游说会使社会福利减少:两个国家的政策制定者会给本国产业越来越多的支持。但是,这种支持限于两个排放权交易体系对着干的情况。这意味着国内措施的效果有一部分会被国外排放权交易体系采取的措施所抵消。

在澳大利亚的碳定价机制中能源密集型贸易竞争型部门会免费得到他们所需要的60% ~ 94.5%的配额。[31] 新西兰的排放权交易系统也有类似的措施。在新西兰,农业和高度能源密集型贸易竞争型产业最多可以获得90%的免费配额;中度能源密集型和贸易竞争型产业大约可获得60%的免费配额。在 EU ETS 中,有重大碳泄漏风险的部门和亚部门可以获得100%的免费配额。[32][33] 总体而言,分配是基于按2007 ~ 2008 年某一部分或亚部门最有效率的前10%的排放设施计算出来的基准线。[34] 此外,欧

203 盟委员会通过指南,要求成员国部分补偿由于 EU ETS 在第三交易期的变化给电力使用大户所带来的用电成本增加。该指南允许在2013 ~ 2015年对每个部门最有效率的企业所增加的成本给予最高85%的补贴。

㉛ 在澳大利亚,能源密集型贸易竞争型企业所能获得的实际排放配额数量取决于:(i)贸易竞争程度,(ii)今年的生产水平,(iii)本产业相关活动的历史平均排放基线。

㉜ 指令 2009/29/EC,第10a(12)条。

㉝ 分配给某个特定排放设施的配额数量按下列方法决定:基准线 × 历史活动水平 × 碳泄漏因子 × 跨部门相关因子或线性因子。每种产品都有基准线,基于2007 ~ 2008 年最有效率的前10%的排放设施。在当前交易期结束之前,这个基准线一直有效。历史活动水平要么是根据2005 ~ 2008 年的两个中间生产值的平均值计算(这样就排除了这一时期的最高值和最低值),要么是根据2009 ~ 2010 年的平均生产值计算;取两者中之较高者。对能源密集型贸易竞争型产业,碳泄漏因子设定为1;对非能源密集型贸易竞争型产业,碳泄漏因子设定为0.8(电力部门通常从免费分配的名单上移除出去)。到2020 年时,后者逐渐降低为0.3;在此之后,希望到2027年时将其缩减至0。

㉞ 指令 2009/29/EC,第10a(2)条。

2019～2020 年的补贴总量会逐渐降到 75%。对于潜在的连接伙伴来说，这些指南的效果很难预测，因为补贴可能不是欧盟层面采取的措施，而是取决于各成员国的自由裁量权。对于全球范围内的政策制定者来说，防止泄漏是共同关注的事项。由于不同的司法管辖区用不同的方法解决去工业化的问题，因此在连接排放权交易体系时，碳泄漏是一个重要的评估点。

（八）抵消规定

总体而言，对配额的不同定义导致了连接的排放权交易体系的兼容性问题。到目前为止，似乎在大多数体系中，配额都用二氧化碳当量的米制吨的方式来定义。这些配额和抵消都有相同的面值以便进行转移，因此配额从一个体系转移到另一个体系原则上是可行的。配额之间的不兼容性不是由于相同的面值，而是由于（a）配额产生的来源，（b）配额的质量，或者（c）整体的数量限制。我们用澳大利亚的欧盟的排放权体系作为例子，说明这几个点，并说明其影响。

对于来源的限制与配额规则在覆盖范围上的差异有关。例如，欧盟的规则不允许与林业有关的碳信用。与此形成对照的是，澳大利亚的体系接受来自农地保碳倡议（CFI）的国内抵消。在澳大利亚和欧盟排放权交易体系可能连接的情况下，澳大利亚的排放权可以将其国内配额卖掉，用 CFI 的信用履约。这会降低履约成本，使竞争发生扭曲。即便在没有连接的情况下也存在这种扭曲，但这也会影响到连接谈判。澳大利亚的排放者可以使用 EU ETS 中的排放者无法使用的抵消来履行其义务；因此澳大利亚的排放者可以较低成本履约，并从将澳大利亚碳单位（ACUs）卖给 EU ETS 中获益。澳大利亚的排放者因此有竞争优势。

在某一排放权交易体系中限制进口抵消能确保至少有部分的温室气体减排是在国内实现的。如果对利用抵消的限制差别过大，连接可能会导致所谓的"后门问题"：某一排放权交易体系中对使用抵消的严格限制会被另一排放权交易体系中较为宽松的使用限制所弱化。

204

(九)储存和预借

如第三章讨论过的,关于储存和借用的规则在现有的即将出现的排放权交易体系中传播很快。储存使覆盖的排放主体随着时间的推移把排放配额攒起来用于履约。预借允许配额分配之前就提前使用配额。这两者都有助于配额供给与需求的跨期平衡。

大多数排放权交易体系都允许在一个交易期内进行储存。将储存期限制在一个交易期内的原因是在下一个分配期开始时排放权交易体系可以重新校准。如果某一特定分配期内发生过度分配,立法者可以减少分配,以创造更多的稀缺性。如果和允许无限储存的排放权交易体系——如新西兰排放权交易体系——进行连接,会发生什么情况?如果新西兰排放权交易体系和某一只允许特定时间内进行储存的交易体系连接,会削弱该体系中对储存的限制。到交易期结束的时候,新西兰排放配额和其他交易体系的排放配额价格会出现差异,因为已储存的新西兰排放配额不会失去其价值,任何转换为新西兰信用的配额都可以在新交易期开始后用于履约。当然,这一点对于两个司法管辖区所覆盖的实体而言都是颇具吸引力的,但是会使政策制定者确保在市场上有足够的稀缺性的目标变得复杂起来。

预借在排放权交易体系中发展并不快。许多排放权交易体系根本不允许预借,或者不允许跨期预借,或者只允许有限的预借。澳大利亚允许排放者最多用5%的预借配额履约。与此形成对照的是,新西兰不允许用预借配额履约。如果把两个排放权交易体系连接起来的话,通过在澳大利亚排放权交易体系中预借配额,可以增加新西兰排放权交易体系中的供给。如果新西兰的配额价格目前很高的话,澳大利亚公司可以预借配额,然后把这些配额卖给新西兰。澳大利亚允许预借这种有限制的配额的实际效果有限,特别是由于新西兰排放权交易体系在抵消上的规则非常宽松。这或许说明,不同的预借规定对于连接谈判而言并不总会构成障碍。

205

(十)环境效能

在考虑排放权交易体系连接时,环境效能是首要的关切事项。尤其是在总量与交易框架下,当某一排放权交易体系与具有不同设计属性的排放权交易体系连接时,该体系的环境效能可能受到影响。这些设计属性包括抵消、碳价上限以及和并非基于总量与交易的排放权交易体系连接。所有这些问题都从经济角度讨论过了。在这里,再从环境角度简要讨论一下。

如果某一排放权交易体系在抵消的规则方面不太严格,其允许的抵消类型在另一个排放权交易体系中是不被允许的,如果两个体系连接的话,则第二个体系的环境完整性会被削弱。排放者会把"低质量"的抵消用于履约,而把"高质量"的配额卖给连接伙伴中的排放者。结果,使用"低质量"的抵消间接溢出到其他的排放权交易体系。

如果与使用碳价上限的排放权交易体系连接,也会损害本排放权交易体系的环境完整性。如果触发了碳价上限,则政府会额外发行配额。由于这些配额也能在与其连接的排放权交易体系中用于履约,预先设定的总量限制就被削弱了。

与此类似,基于总量与交易的排放权交易体系与不是基于总量的排放权交易体系连接的话,前者的环境完整性会被削弱。在非基于总量的排放权交易体系中,经济增长会使配额总量增加。这些配额可以被与其连接的排放权交易体系中的排放者购买,并最终使配额量超过原本基于排放总量时可以获得的配额量。

(十一)隐私和数据保护

隐私和信息保护的不同规定会使排放权交易体系之间的信息交换变得困难。但是,配额交易的数据交换对于确保连接的排放权交易体系互操作性非常关键。因此不同的隐私和数据保护标准会成为连接的障碍,尤其是如果已经连接的排放权交易体系其中之一又想与其他排放权交易体系建立新的连接时更是如此。

206

五、实践经验

迄今为止,排放权交易体系实际连接的经验很少。连接谈判当然是闭门进行的。由于这个原因,我们对于谈判的情况所知甚少。本节的写作基于有关 EU ETS 和瑞士排放权交易体系以及澳大利亚碳定价机制连接谈判的公开资料。本节讨论谈判进程目前的进展，并强调一些重要的见解。

排放权交易体系连接的尝试最初始于瑞士和欧盟。考虑到瑞士是欧洲经济区（EEA）成员，且排放权交易体系规模较小，所以连接谈判的旁观者预期谈判很快会有结果。瑞士和欧盟连接排放权交易体系的试探性对话可以追溯到 2008 年，目前谈判仍在进行。按照欧盟委员会的建议，2010 年的部长理事会授权启动瑞士与欧盟排放权交易体系连接谈判。瑞士的排放权交易体系覆盖 600 万吨二氧化碳排放，50 个排放实体。EU ETS 覆盖大约 1 万 2 千个排放设施，20 亿万吨二氧化碳排放。瑞士排放权交易体系要比 EU ETS 小得多。尽管瑞士排放权交易体系规模很小，迄今为止，为了给两个排放权交易体系之间的双边连接做准备以及建立共同排放配额市场，已经进行了三轮谈判。瑞士的排放权交易方面的法律做了全面修改，从 2013 年 1 月 1 日起生效。这次修改使瑞士排放权交易体系与 EU ETS 在很大程度上能够兼容。连接谈判不仅扩展到固定设施，而且扩展到航空部门和诸如排放配额登记簿这样一些技术领域的合作。

欧盟也想将其排放权交易体系与澳大利亚排放权交易体系连接。双方都寻求缔结建立碳市场全面连接的协议，这项协议应于 2015 年中通过，以便能促使在 2018 年 7 月 1 日正式启动全面连接。在 2015 年 7 月 1 日至 2018 年 7 月 1 日这段时间里，澳大利亚碳定价机制将与 EU ETS 单边连接，这意味着只有澳大利亚排放实体能用 EUAs 在国内完成履约义务。

澳大利亚碳定价机制和 EU ETS 的全面连接协议将覆盖很多议题，其中包括关于监测、报告、核证的规定，也包括关于市场监测的规定。还包括与土地有关的国内抵消和两个交易体系都能接受的第三方排放单位的规定。与第三方配额有关的问题包括允许接受的配额的数量和质量。此外非常重要的一点是，该协议也会处理竞争力问题和碳泄漏。

在连接谈判中，澳大利亚不得不同意对其排放权交易体系进行一系列修改：澳大利亚放弃了碳价下限，参考 2015～2016 年的 EUAs 价格设定碳价上限，降低了对使用核证减排量（CERs）、减排单位（ERUs）和清除单位（RMUs）的使用限制，降低幅度为 12.5%。

六、结论

上面简述的排放权交易体系连接的经验说明了一些重要的见解。这些经验表明，与像 EU ETS 这样的大型排放权交易体系进行连接谈判，会使这些大型排放权交易体系的核心设计属性向外扩散。因此在设计排放权交易体系的时候,设计者要在设计过程早期考虑可能的连接伙伴。这会避免后期进行代价不菲的调适。

排放权交易设计的关键问题绝非在连接中需要达成一致的唯一问题。显然这些设计问题可以在连接谈判的早期加以处理,但是排放权交易体系需要在技术层面上有更高的兼容程度。为了提供一个公平的竞争环境,防止扭曲竞争和碳泄漏,实际的执行规则(监测、报告与核证)必须要能兼容。值得指出的是,连接需要两个排放权交易体系的登记簿及兼容,使配额可以高效交易。

或许与建立排放权交易体系连接同样重要的,是连接的当事方必须要制定关于怎样处理未来扩展连接的规定和程序。例如,人们确信,澳大利亚会与加利福尼亚排放权交易体系连接。必须要澄清的是,这对 EU ETS 会有什么样的影响? 对现在正在谈判的协议会有什么影响? 排放权交易体系怎样能退出连接? 因此,连接非常复杂,其艰巨性可能大大为人们所低估,而"魔鬼常在细节之中"。　　　　　　　　　　　　　　　　　208

第十章　结语

一、导论

　　气候变化已经列入国内政府和国际社会的日程。国际社会认真讨论全球变暖并寻求有效的应对之道，已逾二十年。尽管《京都议定书》成员（附件一国家）取得了一些进展，但是大气中温室气体的浓度仍然在增加。

　　采取气候变化行动需要设定清晰的国际目标：全球温度升高应被停在多高的水平上？内在的（科学）不确定性使这个问题变得复杂，而集体行动问题又对这个问题造成障碍。集体行动问题与"免费搭车"有关，即如果每个人都减少温室气体排放的话，总会有人不采取行动而侥幸逃脱。尽管这个问题具有直观的紧迫性，但是实际情况肯定更为复杂。

　　各国对大气中温室气体的增加有着不同的历史责任，对当下的气候变化亦有着程度不同的影响。例如，中国由于工业化较晚，所以对于气候变化历史责任很小；但中国现在是最大的温室气体排放国。中国又是一个大国，其居民的人均碳足迹低于生活在欧洲中部或美国的人。同样，中国的人均收入仍处于较低水平，人们在努力改善他们的生活水平。由于中国也受到全球变暖的影响，所以中国通过设定强度目标的方式承担责任。"共同但有区别的责任"原则已经为国际社会承认。该原则有助于让更多的国家采取行动。

有数个国家认为排放权交易体系是减少温室气体排放的、具有成本效率的手段,并开始引入这种体系。决策者在建立这样的交易体系时,面临着类似的设计挑战。我们有志于以明白晓畅的方式,提供关于排放权交易设计的见解;以批判式的方式,反思执行中遇到的挑战。我们更多关注设计中遇到的挑战,而不是讨论交易体系的程式化分类及其优缺点。我们承认,政策制定者通常追求数个——有时是冲突的——政策目标,我们希望帮助政策制定者在阅读文献、以便为其所在司法管辖区寻找最佳的"排放权交易体系设计"和他们希望排放权交易体系所发挥的作用时能提出正确的问题。

本书讨论的主要问题是怎样设计排放权交易体系,在推行排放权交易体系的过程中潜在的问题,以及怎样解决这些问题。

我们讨论了下面这些子问题:

- 总体而言,排放权交易体系有什么优点和缺点?
- 在设计排放权交易体系时,需要考虑哪些因素?
- 在排放权交易过程中,会遇到哪些执行问题?
- 怎样以有效能、有效率、可接受的方式来处理这些执行问题?

在本章中,为引导读者,我们将这些子问题转换为四个更为简单的问题:为什么要有排放权交易体系?怎样设计排放权交易体系?排放权交易体系设计中需要考虑哪些因素?与谁进行排放权交易体系连接?本书要评估排放权交易体系的优点和缺点(为什么?),讨论排放权交易设计的变体和政策选择(怎样?)。我们通过讨论排放权交易设计中的具体执行问题,强调那些重要的挑战以及怎样以有效能、有效率、可接受的方式应对这些挑战,回答"设计时要考虑哪些因素"的问题。我们会讨论排放权交易体系连接的问题,由此回答最后一个问题"和谁连接?"。

因此,本章剩余部分通过追问"为什么?"(第二节)、"怎样?"(第三节)、"哪些因素?"(第四节)、"和谁连接?"(第五节)这四个问题来总结本书的主要观点。

二、为什么?

第二章讨论不同的政策工具(命令与控制、责任规则、税收和排放权交易）怎样进行相互比较，尤其对这些政策工具的优点和缺点予以关注。我们发现，排放权交易颇具吸引力，因为：（i）排放权交易设计可以保证排放权交易体系的环境效能；（ii）温室气体减排具有成本效率；（iii）排放权交易可以自动随通货膨胀调节；（iv）政治可接受程度高；（v）价格由市场决定（对经济有自动稳定作用）；（vi）可以体现对发展中国家的转移。

　　由于我们所讨论的所有政策工具都既有优点也有缺点，在以最有效的方式将环境外部性内部化方面，没有哪一种单独的工具是最优的。在实践中，这意味着对于具体问题，必须采用具体的解决方案。对于政策制定者，我们应该问的问题不是选用哪种政策工具应对气候变化，而是怎样为他们所在的司法管辖区排出最优的政策工具组合。

　　对排放权交易体系的设计者来说，排放权交易体系能产生具有成本效率的温室气体减排这一点非常重要。这一事实鼓励减排成本最低的排放设施进行减排，而政策制定者无须知道每个企业具体的减排成本。要想利用排放权交易体系这一具有吸引力的属性，较低的管理成本非常重要。这正是排放权交易不及单一税收之处。但是，有可能设计出这样的排放权交易体系：较多的减排机会带来的益处超过了将更多（更小）的排放者涵盖进来所带来的额外管理成本。另一个降低管理成本的方法是覆盖有限的温室气体类型或（开始的时候）仅涵盖燃料排放，不涵盖过程排放。排放权交易体系的设计者需要在成本收益分析的基础上进行权衡。

　　就"最佳政策工具组合"而言，对小型排放者使用碳税，对大型排放者使用排放权交易体系，这种做法颇有吸引力。这使政策制定者能刺激温室气体减排，同时将管理成本稳定在较低水平上。瑞士实际上用的就是这种方法。

　　对同一个排放设施既征收碳税又适用排放权交易的做法并不可取。这会增加相关排放设施的管理成本，因此相比用单一政策工具达到同样的效果来说，是缺乏效率的。

三、怎样？

　　"怎样"设计排放权交易体系的问题根据实际需要顺次回答。本书没有讨论各种设计变体的学术分类，没有断称某种设计优于另一种设计——毕竟这样的结论需要基于特定的假设，在具体的排放权交易体系中，这些假设可能成立，也可能不成立。因此，第三章所采用的方法是强调排放权交易体系运行于其中的"具体环境"的重要性。在承认政策制定者通常希望通过排放权交易体系设计追求多个政策目标的基础上，本章讨论了政策目标的例子。

本章然后讨论了怎样通过环境有效能、有效率和政治可接受的方法来达到这些政策目标。很显然，不同的政策目标最好通过不同的政策工具来实现。政策制定者因此需要在这些方法之间进行权衡。即便我们可以理解政策制定者追求多个目标，并且在其间彼此进行平衡，但必须看到这种方法有其弊端。政策工具可能过于复杂，超过了必要限度，因此变得不那么有效率。根据诺贝尔经济学奖得主简·丁伯根的观点，每个政策目标至少需要一种政策工具（丁伯根法则）。[①] 这表明从经济角度看，让政策工具过多承担多重目标的做法是不可取的。

第三章还讨论了设计者可以用来建设其排放权交易体系的不同要素。该章描述了这些要素在环境效能、环境效率和政治可接受性方面的优点。我们希望能给排放权交易体系的设计者在进行选择时提供建设性的整体看法，让他们头脑中带着正确的问题，更为详尽地研究设计选择。因此，本章所传达的一个最为重要的信息，是政策制定者必须非常清楚他们的政策目标，以便能对其排放权交易体系进行相应设计。

第四章按照前一章的方法，介绍了现有的排放权交易体系。排放权交易体系的设计者将能理解在不同体系之间存在的多样性，特别是目标的差异和所覆盖的温室气体类型的差异。这就使在不同体系之间难以进行直接比较，特别是当排放权交易体系的设计者要评估某一交易体系对其国内产业竞争力的影响时。不过，各排放权交易体系尽管有差异，但是也都采取一些相同的做法。多数排放权交易体系都以这样或那样的方法支持能源密集型贸易竞争型部门，力图限制排放权交易体系给这些产业带来的成本（例如，在配额价格达到触发价格的时候，增加配额供给）。

212

四、哪些因素？

这个问题问的是在设计排放权交易体系的时候，应该考虑哪些具体的执行问题。第五章至第八章突出讨论了一些重要的挑战，以及怎样以有效能、有效率和可接受的方式来应对这些挑战。

---

① 参见 Knudson（2009）。

第五章讨论了配额分配问题,提醒政策制定者设定环境目标后,接着就是配额分配问题。排放配额必须在数量上进行限制,否则就会出现配额"过度分配"的情况。"过度分配"使排放权交易体系无法实现其目标和目的。因此要不惜一切代价来防止这种情况出现。除了在配额初次分配时的"过度分配"之外,还有与此相关的"过度供给"的问题。例如在经济衰退的情况下,会出现过度供给;大量抵消涌入排放权交易体系,也会出现过度供给。另一个能导致过度供给的冲击的例子是由于能源生产组合发生变化而导致的排放下降。例如,页岩气使用的大量增长就会导致这种情况。

在免费分配的情况下,另一个可能发生的政治问题是"意外之财"。通过免费方式或其他方式获得配额的排放者有着把成本转嫁给消费者的动机。他们转嫁成本的能力取决于其在交易中的力量。由于能源消费者不能轻易减少能源消费,所以即便能源生产者免费获得配额,能源消费者也必须支付更高的价格。欧盟的消费者和政治家都认为这不公平,把基于祖父法的免费分配改成了拍卖。

在任何政策工具的设计过程中,游说都是一个与生俱来的问题。排放权交易体系的设计也不可能成为例外。排放权交易设计者要对为自己谋利的利益相关者保持警觉。政策制定者需要清醒地知道偏向利益相关者的各种设计选择带来的无效率,拒绝向这些可能会导致无效率的需求让步。如果排放权交易体系的设计者需要做出权衡——如为排放权交易体系争取更多的政治支持——他们要知道由此可能带来的社会成本和收益。只有客观评估这些效应才能产生最优的排放权交易设计。

第六章集中讨论二级市场。我们经常想当然地认为排放权交易市场能有效运作,其实我们不该这样。排放权交易市场同其他市场没有那么大的差别。要想有运作效率,必须有足够的规则和市场监督。本章讨论了二级市场被操纵和滥用、因此运作不良的数种情形。第一个因素与市场操纵有关。人们经常认为 EU ETS 市场很大,所以不可能操纵。这种看法是错的。要在金融市场上行使市场势力,影响价格,无须产业经济学意义上的支配地位。市场规模显然令囤积行为更为困难——但并非不可能。小的生产企业尤其担心市场会被操纵。相反,大企业声称没有发生操纵行为。我们鼓励排放权交易体系的设计者在开始设计他们的交易体系时把这些问题考虑在内,不要像欧盟的立法者那样等了那么久才解决这个问题。

本章讨论的另一个问题是在排放权交易体系时是否存在滥用行为。在不存在产业经济学意义上的支配地位的情况下,也可能出现以"发出信号"

和"减少需求"为表现形式的滥用行为。这两种滥用行为都可以通过对拍卖机制设计的审慎选择解决。如果排放权交易机制的设计者没有处理这个问题的话（如想通过简单的拍卖形式吸引更多的竞价者并以此加强拍卖市场的竞争性），那么就必须建立有效率、有效能的市场监督机制。欧盟的立法者把交叉的职权授予不同的监督机构，在机构之间缺乏足够的信息交流的情况下使执法分散化，并且主要依靠公共执行机制，因此未能做到建立有效率、有效能的市场监督机制。

第六章讨论的是排放权交易体系的设计者应当考虑的最后一个问题，与犯罪活动和 EU ETS 成员国的"创制实践"有关。在 EU ETS 中，发生了配额被盗事件，并且未能全部追回。国家配额登记簿未得到充分保护。直到做出改进之前，暂停整个 EU ETS 市场的交易。不仅盗窃成为一个问题，还有欺诈。如果排放权交易体系包含多个司法管辖区，欺诈者可以从其他国家的购买者那里收增值税但却不向本国政府缴税。或者欺诈者可以在实际未付增值税的情况下声称已为配额缴纳增值税，要求报销。排放权交易体系的设计者建立涉及多司法管辖区的排放权交易体系时必须考虑增值税规则的差异，或者建立一种允许排放配额跨境交易的排放权交易体系。最后，第六章讨论了匈牙利问题。尽管匈牙利的行为符合法律的要求，但却把（为履约目的已经上缴的配额）卖给外国。对消费者，存在这些配额再度进入 EU ETS 的风险。在 EU ETS 中，这些配额已经不能再用于履约目的。因此，排放权交易体系的设计者应确保弥补法律漏洞，避免会削弱排放权交易体系可信度和经济效能的情况。设计者要建立法律框架，能让市场繁荣，能让市场以具有成本效率的方式运作。

第七章讨论了与排放权交易体系运作有关的问题。该章指出良好的监测、报告与核证制度的重要性。如果依赖排放者自行报告，则必须由具有资质的机构对其进行核证。我们不应想当然的认为这项制度会有效运作，相关人员能操守廉洁。排放权交易体系的设计者还需非常清楚，排放权交易体系的益处来自减排成本最低的排放者有成本效率的减排活动。

不能按照减排成本而要按照行政指导做出减排决策的企业或直接由国家拥有的企业，可能无法正确做出决策。因此要确保这些企业的决策免受不当影响。如果无法确保这一点，政策设计者或许应当重新考虑是否要对这些受影响的企业适用排放权交易。

在操作问题中所讨论的一个非常具有技术性的问题是排放配额交易日志的设计。交易日志是记录每笔交易以及记录相关企业所持有的排放配额

214

的信息的电子数据库。毋庸多言,只有在经过测试、运作正常且能与其他交易日志连接的情况下,交易日志方能投入运作。在欧盟,对隐私和数据的保护日渐增强。在排放权交易体系与国外的交易日志连接的时候,必须维持这些隐私和数据保护标准。由于各个国家有自己的保护标准,因此要做到这一点很困难。较高的保护标准使研究者给政策制定者及时提供关于排放权交易体系运作的信息变得更为困难。因此,排放权交易体系的设计者需要在保护隐私和数据以及让研究能获取必要信息两种考虑因素之间进行权衡。

第八章讨论了一些在气候变化背景下出现的案件。这些案件出现于不同的司法管辖区、不同的排放权交易体系、不同的法律体系,因此这些案件不能提供可以直接适用于其他排放权交易体系的法律见解。但是,这些案件的确能为排放权交易体系的设计者提供非常重要的见解——法律很重要。排放权交易是一种基于市场的工具。但这并不意味着排放权交易体系是一种由经济学家设计、由工程师查验技术细节、然后便可简单交给法律家推行的体系。如本章讨论的各种案件所示,在排放权交易体系中会产生大量法律问题,有时候这些法律问题产生于令人意想不到之处。在排放权交易体系的设计阶段就需要处理这些问题,以防止未能预见的严重问题。这些严重问题能破坏整个体系或其设计过程,使其停摆。因此在排放权交易体系的设计和运作中,法律见解都非常重要。排放权交易体系的设计者不应忽略法律见解的作用。

五、和谁连接?

本书讨论的最后一个问题是和谁一起建立排放权交易体系。有着丰富且不断增长的文献在讨论排放权交易体系的哪些设计属性使不同排放权交易体系的连接能产生益处。连接之所以诱人,是因为其有以下三个益处:(i)在尚未达成国际协议的情况下,排放权交易体系的连接是一个"次优"的解决方案;(ii)从各国的成功合作中可以产生气候变化的全球解决方案;(iii)排放权交易体系的连接可以降低减排成本。

从排放权交易体系设计的角度来看,有几个富有洞察力的看法,应予遵从。与一个较大的排放权交易体系连接会使较大交易体系的设计特征扩散。因此在设计排放权交易体系时,应当建议设计者在设计阶段考虑潜在的连接伙伴,以免事后为适应连接伙伴的交易体系付出昂贵的成本。此外,排放权交易体系的设计特征并不是唯一值得关注的要素:例如,与监测、报 216 告、核证或交易日志有关的实践规则也必须予以考虑。这些领域若不兼容, 会导致昂贵的调适成本,无法为彼此竞争的相关企业提供公平的竞争环境。

六、结语

本书力图为排放权交易设计采取一种问题导向的方法。这源于我们察 觉到,常常追求实现多个目标的政策制定者的需要和学术界认为"感兴趣 的话题"之间存在落差。本书力图帮助政策制定者澄清他们的政策目标和 设计问题,以便能成功设计一个排放权交易体系。尽管难免疏漏,但笔者希 望本书能有助于在学术界和社会需要之间架起桥梁,以便为与具体政策问 题有直接关联的社会问题提供答案。笔者也希望在气候变化领域能有更多 研究聚焦于相互冲突的政策目标,以便在学术界遥远的象牙塔中创作的作 品能对政策制定者更有意义,并使更为明智的决策活动造福社会。 217

参考文献

Adams, M. (1989), 'New activities and the efficient liability rules', in M. Faure and R. Van den Bergh (eds.), *Essays in Law and Economics*, *Corporations*, *Accident Prevention and Compensation for Losses*, Antwerp: Maklu uitgevers.

Aggarwal, R. K. and G. Wu (2006), 'Stock market manipulations', *The Journal of Business*, 79(4), 1915 – 53.

Aldy, J. E. and R. N. Stavins (2011), 'The promise and problems of pricing carbon: theory and experience', Harvard Institute of Economic Research Discussion Paper, available at: http://papers. ssrn. com/sol3/papers. cfm? abstract_id = 1950693 (last accessed 15 September 2013).

Arcuri, A. (2001), 'Controlling environmental risk in Europe: the complementary role of an EC environmental liability regime', *Tijdschrift voor Milieuaansprakelijkheid* (Journal of Environmental Liability), 39 – 40.

Ashenfelter, O. (1989), 'How auctions work for wine and art', *Journal of Economic Perspectives*, 3 (3), 23 – 36.

Atsma, J. (2012), Letter from Joop Atsma (Secretary of State for Infrastructure and the Environment) to the Chairman of the Lower Chamber, 4 July 2012, on 'Brief met toezeggingen n. a. v. het AO klimaatbeleid d. d. 31 mei 2012' ('Letter with commitments based upon the general discussions on climate policy dated 31 May 2012').

Auction Regulation: Commission Regulation (EU) No. 1031/2010 of 12 November 2010 on the timing, administration and other aspects of auctioning of greenhouse gas emission allowances pursuant to Directive 2003/87/EC of the European Parliament and of the Council establishing a scheme for greenhouse gas emission allowances trading within the Community, OJ L 302/1, 18 November 2010.

Ausubel, L. and P. Cramton (2002), *Demand Reduction and Inefficiency in Multi-Unit Auctions*, University of Maryland.

Ballard C., J. Shoven and J. Whalley (1985), ' General equilibrium computations of the marginal welfare costs of taxes in the United States', *American Economic Review*, 75, 128 – 38.

Baron, R. and Philibert, C. (2005), 'Act locally, trade globally: emissions trading for climate policy', International Energy Agency, available at: http://www. iea. org/publications/freepublications/publication/act_locally. pdf.

Baumol, W. J. and W. E. Oates (1988), *The Theory of Environmental Policy*, 2nd edn, Cambridge, UK: Cambridge University Press.

Bazelmans, J. (2008), ' Linking the EU ETS to other emissions trading schemes', in M. Faure and M. Peeters (eds.), *Climate Change and European Emissions Trading: Lessons for Theory and Practice*, Cheltenham, UK and Northampton, MA, USA: Edward Elgar, 297 – 321.

Behr, T., J. M. Witte, W. Hoxtell and J. Manzer (2009), 'Towards a global carbon market? Potential and limits of carbon market integration', Energy Policy Paper Series, Global Public Policy Institute, Berlin, available at: http://www. gppi. net/fileadmin/gppi/GPPiPP7 – Carbon_Markets. pdf.

Bergkamp, L. (2001), *Liability and Environment*, The Hague and London: Kluwer Law International.

Bocken, H. (1987), ' Alternatives to liability and liability insurance for the compensation of pollution damages', *Tijdschrift voor Milieuaansprakelijkheid* (Journal of Environmental Liability), 83 – 87.

Bocken, H. (1988) ' Alternatives to liability and liability insurance for the compensation of pollution damages', *Tijdschrift voor Milieuaansprakelijkheid* (Journal of Environmental Liability), 3 – 10.

Bohm, P. (1999), *International Greenhouse Gas Emission Trading-With Special Reference to the Kyoto Protocol*, TemaNord 1999: 506, Stockholm: Department of Economics.

Böhringer, C., T. Hoffmann, A. Lange, A. Löschel and U. Moslener (2005),

'Assessing emission regulation in Europe: An interactive simulation approach', *Energy Journal*, 26, 1 – 22.

Bovenberg, A. and L. Goulder (2000), 'Neutralizing the adverse industry impacts of CO_2 abatement policies: What does it cost?', NEBR Working Paper Series, No. 7654, 34.

Brander, L. (2003), 'The Kyoto mechanisms and the economics of their design', in M. Faure, J. Gupta and A. Nentjes (eds.), *Climate Change and the Kyoto Protocol: The Role of Institutions and Instruments to Control Global Change*, Cheltenham, UK and Northampton, MA, USA: Edward Elgar, 25 – 44.

Brown, J. P. (1973), 'Toward aneconomic theory of liability', *Journal of Legal Studies* 2 (2), 323 – 49.

Burrows, P. (1999), 'Combining regulation and liability for the control of external costs', *International Review of Law and Economics*, 19, 227 – 42.

Calabresi, G. (1961), 'Some thoughts on risk distribution and the law of torts', *Yale Law Journal*, 70, 499 – 553.

Calabresi, G. (1970), *The Costs of Accidents. A Legal and Economic Analysis*, New Haven, CT, USA: Yale University Press.

Calabresi, G. (1975), 'Optimal deterrence and accidents', *Yale Law Journal*, 84, 656 – 71.

California Air Resources Board (2012), 'California cap on greenhouse gas emissions and market-based compliance mechanisms', 1 September 2012, available at: http://www. arb. ca. gov/cc/capandtrade/september _ 2012 _ regulation. pdf (last accessed 15 September 2013).

CaliforniaAir Resources Board (2013), 'Air Resources Board sets date for linking cap-and-trade program with Québec', Press Release, 19 April 2013, available at: http://www. arb. ca. gov/newsrel/newsrelease. php? id = 430 (last accessed 15 September 2013).

Cao, M. (2011), 'China's law development in the climate change era', available at: http://ssrn. com/abstract = 1832006 (last accessed 15 September 2013).

Carbon Market News (2013), 'Carbon Market North America January 11', 11 January 2013, available at: http://www. pointcarbon. com/news/

cmna/1. 2134387.

Chalmers, D. and A. Tomkins (2007) , *European Union Public Law* , *Cases and Materials* , Cambridge , UK: Cambridge University Press.

Charter of Fundamental Rights of the European Union (2000) , OJ C 364/01 , 18 December 2000.

' Chongqing will launch carbon trading , high energy consumption industries are involved' , available at: http://www. coal. com. cn/Gratis/2012 – 11 – 21/ ArticleDisplay_329613. shtml. For future information: http://www. cquae. com/html/tpfjy.

Clean Energy Amendment (International Emissions Trading and Other Measures) Bill 2012 , 26 November 2012 , available at: http://www. aph. gov. au/Parliamentary _ Business/Bills _ Legislation/Bills _ Search _ Results/ Result? bId = r4895.

Clò, S. (2007) , ' Assessing the European emissions trading scheme effectiveness in reaching the Kyoto Target: an analysis of the ETS 1st and 2nd phase cap stringency ' , Working Paper presented at the Annual Conference of the European Association of Law and Economics 2007 , available at: http://www. cbs. dk/content/download/67304/930289/file/ Stefano%20Clň. pdf.

CO_2 Gesetz: Bundesgesetz über die Reduktion der CO_2 – Emissionen , 641. 71 vom 23. Dezember 2011 (Stand am 1. Januar 2013) available at: http://www. admin. ch/ch/d/sr/6/641. 71. de. pdf.

CO_2 Verordnung: Verordnung über die Reduktion der CO_2 – Emissionen , 641. 711 vom 30. November 2012 (Stand am 1. Juni 2013) available at: http://www. admin. ch/ch/d/sr/6/641. 711. de. pdf.

COM (2008) 30 final, EC Commission Communication, ' 20 20 by 2020: Europe's climate change opportunity' , Brussels , 23 January 2008.

COM (2010) 796 final, European Commission Communication, ' Towards an enhanced market oversight framework for the EU emissions trading scheme' , Brussels , 21 December 2010.

COM (2010) 2020 final, European Commission Communication, ' Europe 2020: a strategy for smart, sustainable and inclusive growth ' , Brussels, 3 March 2010.

COM (2011) 109 final, European Commission Communication, ' Energy Efficiency Plan 2011 ' ,Brussels,5 May 2011.

COM(2011) 370 final,European Commission,'Proposal for a Directive of the European Parliament and of the Council on energy efficiency and repealing Directives 2004/8/EC and 2006/32/EC' ,Brussels,22 June 2011.

COM(2011) 656 final,2011/0298 (COD) ,European Commission, ' Proposal for a Directive of the European Parliament and of the Council on markets in financial instruments repealing Directive 2004/39/EC of the European Parliament and of the Council (Recast) ' ,Brussels,20 October 2011.

COM(2012) 11 final,2012/0011 (COD) ,European Commission, ' Proposal for a Regulation of the European Parliament and of the Council on the protection of individuals with regard to the processing of personal data and on the free movement of such data (General Data Protection Regulation) ' , Brussels,25 January 2012.

COM(2012) 416 final,2012/0202 (COD) , ' Proposal for a decision of the European Parliament and of the Council amending Directive 2003/87/EC clarifying provisions on the timing of auctions of greenhouse gas allowances' ,Brussels,25 July 2012.

COM(2012) 697,2012/328 (COD) ,European Commission, ' Proposal for a Decision of the European Parliament and of the Council derogating temporarily from Directive 2003/87/EC of the European Parliament and of the Council establishing a scheme for greenhouse gas emission allowance trading within the Community' ,Strasbourg.

Commission Decision 2011/278/EU of 27 April 2011 determining transitional Union-wide rules for harmonised free allocation of emission allowances pursuant to Article 10a of Directive 2003/87/EC of the European Parliament and of the Council [notified under document C(2011) 2772],OJ L 130/1, 17 May 2011.

Commission Regulation (EU) No. 920/2010 of 7 October 2010 for a standardised and secured system of registries pursuant to Directive 2003/87/EC of the European Parliament and of the Council and Decision No 280/2004/EC of the European Parliament and of the Council, OJ L 270/1,14 October 2010.

Commission Regulation (EU) No. 1031/2010 of 12 November 2010 on the timing, administration and other aspects of auctioning of greenhouse gas emission allowances pursuant to Directive 2003/87/EC of the European Parliament and of the Council establishing a scheme for greenhouse gas emission allowances trading within the Community, OJ L 302/1, 18 November 2010 (Auction Regulation).

Commission Regulation (EU) No. 550/2011 of 7 June 2011 on determining, pursuant to Directive 2003/87/EC of the European Parliament and of the Council, certain restrictions applicable to the use of international credits from projects involving industrial gases, OJ L 149/1, 8 June 2011.

Commission Regulation (EU) No. 1193/2011 of 18 November 2011 establishing a Union Registry for the trading period commencing on 1 January 2013, and subsequent trading periods, of the Union emissions trading scheme pursuant to Directive 2003/87/EC of the European Parliament and of the Council and Decision No. 280/2004/EC of the European Parliament and of the Council and amending Commission Regulations (EC) No. 2216/2004 and (EU) No. 920/2010, OJ L 315/1, 29 November 2011.

Commission Regulation (EU) No. 600/2012 of 21 June 2012 on the verification of greenhouse gas emission reports and tonne-kilometre reports and the accreditation of verifiers pursuant to Directive 2003/87/EC of the European Parliament and of the Council, OJ L 181/1, 12 July 2012.

Commission Regulation (EU) No. 601/2012 of 21 June 2012 on the monitoring and reporting of greenhouse gas emissions pursuant to Directive 2003/87/EC of the European Parliament and of the Council, OJ L 181/30, 12 July 2012.

Commission Regulation (EU) No. 389/2013 of 2 May 2013 establishing a Union Registry pursuant to Directive 2003/87/EC of the European Parliament and of the Council, Decisions No. 280/2004/EC and No. 406/2009/EC of the European Parliament and of the Council and repealing Commission Regulations (EU) No. 920/2010 and No. 1193/2011, OJ L 122/1, 3 May 2013.

Commission Staff Working Document (2012), 'Information provided on the functioning of the EU Emissions Trading System, the volumes of greenhouse gas emission allowances auctioned and freely allocated and the impact on the surplus of allowances in the period up to 2020 ', Brussels, 25 July 2012, SWD (2012) final, available at: http://ec. europa. eu/clima/policies/ets/cap/ auctioning/docs/swd_2012_234_en. pdf (last accessed 24 September 2013).

Commonwealth of Australia (2011), ' Securing a clean energy future: the Australian Government's climate change plan ', available at: http://www. cleanenergyfuture. gov. au/wp-content/uploads/2011/07/Consolidated-Final. pdf (last accessed 4 August 2011), currently available at: http://large. stanford. edu/courses/2012/ph240/aslani2/docs/CleanEnergyPlan – 20120628 – 3. pdf.

Communicationfrom the Commission (2012), Guidelines on certain State aid measures in the context of the greenhouse gas emission allowance trading scheme post – 2012, SWD(2012) 130 final, OJ C 158/4, 5 June 2012.

Cooter, R. (1984), ' Prices and sanctions ', *Columbia Law Review*, 84, 1343 – 523.

Copenhagen Accord (2009) FCCC/CP/2009/11/Add. 1, 30 March 2010.

Costa, L. and Y. Poullet (2012), ' Privacy and the regulation of 2012 ', *Computer Law & Security Review*, 28, 254 – 62.

Council of the European Union (2009), ' Council adopts climate-energy legislative package ', 8434/09 (Presse 77), Brussels, 6 April 2009, available at: http://europa. eu/rapid/press-release_PRES – 09 – 77_en. htm.

Council Directive 2010/23/EU of 16 March 2010 amending Directive 2006/ 112/EC on the common system of value added tax, as regards an optional and temporary application of the reverse charge mechanism in relation to supplies of certain services susceptible to fraud, OJ L 72/1, 20 March 2010.

Council Directive 2013/43/EU of 22 July 2013 amending Directive 2006/112/ EC on the common system of value added tax, as regards an optional and temporary application of the reverse charge mechanism in relation to supplies of certain goods and services susceptible to fraud, OJ L 201/4, 26 July 2013.

Cramton, P. and S. Kerr (1999), ' Tradable carbon permit auctions: how and why to auction, not grandfather ', Wharton, Financial Institutions Center, Implications for Auction Theory for New Issues Markets, No. 02 – 19.

Criqui, P. and A. Kitous (2003), ' Kyoto Protocol implementation – KPI Technical Report: Impacts of linking JI and CDM credits to the European

Emission Allowance Trading Scheme – a Report for DG Environment', May 2003, CNRS-IEPE and Enerdata SA.

Cullis, J. and P. Jones (1998), *Public Finance and Public Choice*, 2nd edn, Oxford: Oxford University Press.

Dales, J. (1968), *Pollution, Property and Prices: An Essay in Policy*, Toronto: University of Toronto Press.

De Cendra de Larragán, J. (2006), 'Linking the project based mechanism with the EU ETS: the present state of affairs and challenges ahead', in M. Peeters and K. Deketelaere (eds.), *EU Climate Change Policy: The Challenge of New Regulatory Initiatives*, Cheltenham, UK and Northampton, MA, USA: Edward Elgar, 98 – 124.

De Cendra de Larragán, J. (2013), 'Linking planetary boundaries and overconsumption by individuals', in S. Kingston (ed.), *European Perspectives on Environmental Law and Governance*, Abingdon, UK: Routledge, 23 – 54.

De Hert, P. and S. Gutwirth (2009), Data protection in the case law of Strasbourg and Luxembourg: Constitutionalisation in action', in S. Gutwirth et al. (eds.), *Reinventing Data Protection?*, Dordrecht: Springer Science, 3 – 44.

De Mooij, R. A. (1999), 'The double dividend of an environmental tax reform', in J. C. J. M. van den Bergh (ed.), *Handbook of Environmental and Resource Economics*, Cheltenham, UK and Northampton, MA, USA: Edward Elgar, 293 – 306.

Decision 13/CMP. 1, Modalities for the accounting of assigned amounts under Article 7, paragraph 4 of the Kyoto Protocol, available at: http://unfccc. int/resource/docs/2005/cmp1/eng/08a02. pdf.

DecisionNo. 406/2009/EC of the European Parliament and of the Council of 23 April 2009 on the effort of Member States to reduce their greenhouse gas emissions to meet the Community's greenhouse gas emission reduction commitments up to 2020, OJ L 140, 5 June 2009.

Department of Climate Change and Energy Efficiency (2011), 'Exposure draft of the Clean Energy Bill 2011: commentary on provisions', 28 July 2011, available at: http://apo. org. au/sites/default/files/Commentary-on-the-

Clean-Energy-Bill – 2011 – PDF. pdf.

Diamond, P. (1974), 'Singleactivity accidents', *Journal of Legal Studies*, 3, 107 – 64.

Diaz-Rainey, I., M. Siems, J. K. Ashton (2011), 'The financial regulation of European wholesale energy and environmental markets', USAEE – IAEE Working Paper 11 – 070.

Dijkstra, B. R. (1999), *The Political Economy of Environmental Policy: A Public Choice Approach to Market Instruments*, Cheltenham, UK and Northampton, MA, USA: Edward Elgar.

Directive 2003/6/EC ofthe European Parliament and of the Council of 28 January 2003 on insider dealing and market manipulation (market abuse) OJ L 96/16, 12 April 2003.

Directive 2003/87/EC of the European Parliament and of the Council of 13 October 2003 establishing a scheme for greenhouse gas emission allowance trading within the Community and amending Council Directive 96/61/EC, OJ L 275/32, 25 October 2003.

Directive 2004/39/EC of the European Parliament and of the Council of 21 April 2004 on markets in financial instruments amending Council Directives 85/611/EEC and 93/6/EEC and Directive 2000/12/EC of the European Parliament and of the Council and repealing Council Directive 93/22/EEC, OJ L 145/1, 30 April 2004.

Directive 2004/101/EC of the European Parliament and of the Council of 27 October 2004 amending Directive 2003/87/EC establishing a scheme for greenhouse gas emission allowance trading within the Community, in respect of the Kyoto Protocol's project mechanisms, OJ L 338/18, 13 November 2004.

Directive 2005/60/EC on the prevention of the use of the financial system for thepurpose of money laundering and terrorist financing, OJ L 309/15, 25 November 2005.

Directive 2009/29/EC of the EuropeanParliament and of the Council of 23 April 2009 amending Directive 2003/87/EC so as to improve and extend the greenhouse gas emission allowance trading scheme of the Community, OJ L 140/63, 5 June 2009.

Draft CommissionRegulation amending Regulation (EU) No. 1031/2010 in particular to determine the volumes of greenhouse gas emission allowances to be auctioned in 2013 – 2020, available at: http://ec. europa. eu/clima/policies/ets/reform/docs/2013_07_08_en. pdf.

ECN & Cambridge Econometrics (2013), 'Splitting the EU ETS: strengthening the scheme by differentiating its sectoral carbon prices', May 2013, ECN-E – 13 – 008, available at: http://www. camecon. com/Libraries/Downloadable_Files/Improving_the_EU_ETS__splitting_the_power_and_industrial_sectors_report. sflb. ashx.

EDPS Opinion (2012): Opinion of the European Data Protection Supervisor of 11 May 2012 on the Commission Regulation establishing a Union Registry for the trading period commencing on 1 January 2013, and subsequent trading periods, of the Union emissions trading scheme, available at: http://www. edps. europa. eu/EDPSWEB/webdav/site/mySite/shared/Documents/Consultation/Opinions/2012/12 – 05 – 11_Trading_period_EN. pdf (last accessed 15 May 2013).

EEX (2011), 'EEX Product Brochure, EU Emission Allowances', available at: http://cdn. eex. com/document/89518/20110329 _ EEX _ Produktbrosch% C3% BCre_CO2_engl: pdf.

Egenhofer, C. and N. Fujiwara (2005), *Reviewing the EU Emissions Trading Scheme: Priorities for Short-Term Implementation of the Second Round of Allocation (Part I)*, Brussels: Centre for European Policy Studies (CEPS).

Ellerman, A. D. (2004), 'The US SO_2 Cap-and-trade program', in Organisation for Economic Co-operation and Development, *Tradable Permits, Policy Evaluation, Design and Reform*, Paris: OECD.

Ellerman, D. and B. Buchner (2006), *Over-Allocation or Abatement? A Preliminary Analysis of the EU ETS Based on the* 2005 *Emissions Data*, Nota di Lavoro 139. 2006, Milan: Fondazione Eni Enrico Mattei (FEEM).

Endres, A. and R. Schwarze (1991), 'Allokationswirkungen einer Umwelthaftpflichtversicherung' (Allocative effects of environmental liability insurance), *Zeitschrift fuer Umweltpolitik und Umweltrecht (Journal for Environmental Policies and Environmental Law)*, 14, 1 – 25.

Environmental Quality Act, Regulation respecting a cap-and-trade system for greenhouse gas emission allowances, Quebec, Chapter Q – 2, r. 46. 1

(Chapter Q – 2, s. 31, 1st para. , subparas b, c, d, e. 1, h and h. 1, ss. 46. 1, 46. 5, 46. 6, 46. 8 to 46. 16, 115. 27 and 115. 34), as of 1 November 2013, available at: http://www2. publicationsduquebec. gouv. qc. ca/dynamic Search/telecharge. php? type = 3 &file = /Q_2/Q2R46_1_A. HTM.

Eurometaux (2011), 'Guidelines on certain state aid measures in the context of the Greenhouse Gas Emission Allowance Trading Scheme: response to the DG Competition Consultation as published on their website on 21 December 2011', available at: http://ec. europa. eu/competition/consultations/2012_ emissions_trading/eurometaux_en. pdf.

European Commission (2003), 'Systeem van verhandelbare emissierechten voor NOx', C(2003)1761fin, 24 June 2003.

European Commission (2005), 'EU emissions trading: an open scheme promoting global innovation to combat climate change', available at: http:// www. pedz. uni-mannheim. de/daten/edz-bn/gdu/05/emission _ trading2 _ en. pdf.

European Commission (2011), 'Guidance on new entrants and closures', Guidance Document No. 7 on the Harmonized Free Allocation Methodology for the EU-ETS Post 2012, 14 September 2011.

European Commission (2012a), 'Renewables: Commission confirms market integration and the need for growth beyond 2020', Press Release, IP/12/571, 6 June 2012, available at: http://europa. eu/rapid/press-release_IP – 12 – 571_ en. htm.

European Commission (2012b), 'Stopping the clock of ETS and aviation emissions following last week's International Civil Aviation Organization (ICAO) Council', MEMO 12/854, Brussels, 12 November 2012, available at: http://europa. eu/rapid/press-release_MEMO – 12 – 854_en. htm.

European Commission (2012c), 'Commission submits formal proposal to defer EU ETS international aviation compliance by one year', 20 November 2012, available at: http://ec. europa. eu/clima/news/articles/news_2012112001_ en. htm.

European Commission (2012d), 'Europe 2020 Targets: Climate Change and Energy', available at: http://ec. europa. eu/europe2020/pdf/themes/16 _ energy_and_ghg. pdf.

European Commission (2013), Commission Regulation on determining international credit entitlements pursuant to Directives 2003/87/EC of the European Parliament and of the Council of 5 June 2013, available at: http://ec. europa. eu/clima/policies/ets/docs/c_2013_xxx_en. pdf (last accessed 13 June 2013).

European Convention for the Protection of Human Rights and Fundamental Freedoms, entered into force 3 September 1953, 213 UNTS 222.

European Union Emissions Trading Scheme Prohibition Act of 2011 (Enrolled Bill [Final as Passed Both House and Senate], S. 1956, available at: http://www. gpo. gov/fdsys/pkg/BILLS - 112s1956enr/pdf/BILLS - 112s1956 enr. pdf.

Fankhauser, S. and C. Hepburn (2010), 'Designing carbon markets – Part I: carbon markets in time', *Energy Policy*, 38, 4363 – 70.

Faure, M. (1995), 'Economic models of compensation for damage caused by nuclear accidents: some lessons for the revision of the Paris and Vienna Conventions', *European Journal of Law and Economics*, 2(1), 21 – 43.

Faure, M. (2012), 'Effectiveness ofenvironmental law: What does the evidence tell us?', *William & Mary Environmental Law and Policy Review*, 36, 293 – 336.

Faure, M. and M. Peeters (2011), *Climate Change Liability*, Cheltenham, UK and Northampton, MA, USA: Edward Elgar.

Faure, M., M. Peeters and A. Wibisana (2006), 'Economic instruments: suited to developing countries?', in M. Faure and N. Niessen (eds.), *Environmental Law in Development: Lessons from the Indonesian Experience*, Cheltenham, UK and Northampton, MA, USA: Edward Elgar, 218 – 62.

Faure, M. and M. Ruegg (1994), 'Standard setting through general principles of environmental law', in M. Faure, J. Vervaele, J. and A. Weale (eds.), *Environmental Standards in the European Union in an Interdisciplinary Framework*, Antwerpen-Apeldoorn, the Netherlands: Maklu uitgevers, 39 – 60.

Faure, M. and S. Ubachs (2003), 'Comparative benefits and optimal use of environmentaltaxes', in J. Milne et al. (eds.), *Critical Issues in Environmental Taxation: International and Comparative Perspectives*, Vol. I, Richmond, UK: Richmond Law and Tax, 29 – 49.

Faure, M. and S. E. Weishaar (2012), 'The role of environmental taxation: economics and the law', in J. Milne and M. S. Andersen (eds.), *Handbook of Research on Environmental Taxation*, Cheltenham, UK and Northampton, MA, USA: Edward Elgar, 399 – 421.

Fawcett, T. and Y. Parag (2010), 'An introduction to personal carbon trading', *Climate Policy*, 10, 329 – 38.

Feldman, Y. and O. Perez (2009), 'How law changes the environmental mind: an experimental study of the effect of legal norms on moral perceptions and civic enforcement', *Journal of Law and Society*, 36 (4), 501 – 35.

Fell, H., E. Moore and R. D. Morgenstern (2011), 'Cost containment under cap and trade: a review of the literature', *International Review of Environmental and Resource Economics*, 5, 285 – 307.

Flachsland, C., R. Marschinski and O. Edenhofer (2009a), 'To link or not to link: benefits and disbenefits of linking cap-and-trade systems', *Climate Policy*, 9 (4) Special Issue *Linking GHG Trading Systems*, 358 – 72.

Flachsland, C., R. Marschinski and O. Edenhofer (2009b), 'Global trading versus linking: architectures for international emissions trading', *Energy Policy*, 37 (5), 1637 – 47.

Frank, R. (1997), *Microeconomics and Behaviour*, 3rd edn, Boston, MA, USA: Irwin/McGraw-Hill.

Fullerton, D., A. Leicester and S. Smith (2010), 'Environmental taxes', inInstitute for Fiscal Studies (ed.), *Dimensions of Tax Design*, Oxford: Oxford University Press, 423 – 547.

General Data Protection Regulation: COM(2012) 11 final, 2012/0011 (COD), European Commission, 'Proposal for a Regulation of the European Parliament and of the Council on the protection of individuals with regard to the processing of personal data and on the free movement of such data (General Data Protection Regulation)', Brussels, 25 January 2012.

Goulder, L. H. (1995), 'Environmentaltaxation and the "double dividend": a reader's guide', *International Tax and Public Finance*, 2 (2), 157 – 83.

Granaut, R. (2011), *The Granaut Climate Change Review: The Final Report*, Cambridge, UK: Cambridge University Press.

Groosman, B. (1999), '2500pollution tax', in B. Bouckaert and G. De

Geest, *Encyclopedia of Law and Economics*: *Volume II*, *Civil Law and Economics*, Cheltenham, UK and Northampton, MA, USA: Edward Elgar 538 – 68.

Grull, G. and L. Taschini (2010), 'Linking emissions trading schemes: a short note', available at: http://ssrn. com/abstract = 1546105.

Gullì, F. (ed.) (2008), *Markets for Carbon and Power Pricing in Europe*: *Theoretical Issues and Empirical Analyses*, Cheltenham, UK and Northampton, MA, USA: Edward Elgar.

Haites, E. (2003), 'Harmonization between national and international tradeable permit schemes', CATEP Synthesis Paper, OECD, Paris.

Hansen, J. (2009), *Storms of My Grandchildren*: *The Truth About the Coming Climate Catastrophe and Our Last Chance to Save Humanity*, New York, NY, USA: Bloomsbury.

Harrison, D. and D. Radov (2002), 'Evaluation of alternative initial allocation mechanisms in a European Union Greenhouse Gas Emissions Allowance Trading Scheme', National Economic Research Associates, available at: http://www. nera. com/67_4804. htm.

Heilmayr, R. and J. A. Bradbury (2011), 'Effective, efficient or equitable: using allowance allocations to mitigate emissions leakage', *Climate Policy*, 11, 1113 – 30.

Hepburn, C., M. Grubb, K. Neuhoff, F. Matthes and M. Tse (2006) 'Auctioning of EU ETS Phase II allowances: how and why?' *Climate Policy*, 6 (1), 137 – 60.

Himma, K. E. (2007), 'Privacy vs. security: why privacy is not an absolute value or right', *San Diego Law Review*, 45, available at: http://ssrn. com/abstract = 994458 (last accessed 13 February 2013).

'Hubei Provinces will officially launch carbon trading in August 2013', available at: http://www. tanpaifang. com/tanjiaoyi/2013/0419/19604. html.

'Hubei steadily explores the way for Middle and Western regions to promote carbon trading', available at: http://info. china. alibaba. com/detail/1123025658. html.

'Implementation plan for Guangdong Province's carbon trading', available at:

http://zwgk. gd. gov. cn/006939748/201209/t20120914 _ 343489. html. For future information: http://www. nea. gov. cn/2013 – 02/26/c _ 132192742. htm.

'Implementation plan of Shanghai's carbon trading', available at: http://www. shanghai. gov. cn/shanghai/node2314/node2319/node12344/u26ai32789. html. For future information, visit http://www. cneeex. com.

'Implementation plan of Tianjin's emission trading pilot', available at: http://www. tjzfxxgk. gov. cn/tjep/ConInfoParticular. jsp? id = 38237. For future information: http://www. chinatcx. com. cn/tcxweb.

Intergovernmental Panel on Climate Change (IPCC) (2007), 'Fourth Assessment Report (2007), available at: http://www. ipcc. ch/publications_and_data/publications_ipcc_fourth_assessment_report_synthesis_report. htm.

International Covenant on Civil and Political Rights, adopted by UNGA Resolution 2200 (XXI) of 16 December 1966, entered into force 23 March 1976, 999 UNTS 171.

Jaffe, J. and R. N. Stavins (2007), 'Linking tradable permit systems for greenhouse gas emissions: opportunities, implications and challenges', International Emissions Trading Association, Geneva, available at: http://belfercenter. ksg. harvard. edu/files/IETA_Linking_Report. pdf.

Jakob-Gallman, J. (2011), *Regulatory Issues in the Carbon Market: The Linkage of the Emissions Trading Scheme of Switzerland with the Emissions Trading Scheme of the European Union*, Zurich: Schulthess.

Jepma, C. (2006), 'Some EU ETS "tags"', (*Electronic*) *Joint Implementation Quarterly: Magazine on the Kyoto Mechanisms*, August 2006, 1 – 7.

Jones, M. C. et al. (2011), 'Australia – finally a carbon pricing scheme?', in J. Peetermans (ed.), *Greenhouse Gas Market Report* 2011 – *Asia and Beyond: the Roadmap to Global Carbon & Energy Markets*, Geneva: International Emissions Trading Association, available at http://www. ieta. org/assets/Reports/ieta% 202011% 20ghg% 20market% 20report% 20final. pdf.

Jong, M. A. P. , O. Couwenberg and E. Woerdman (2013), 'Does the EU ETS bite? The impact of allowance over-allocation on share prices', University of Groningen: Working Paper Series in Law and Economics.

Jordan, B. D. and S. D. Jordan (1996), 'Salomon Brothers and the May 1991 Treasury auction: analysis of a market corner', *Journal of Banking & Finance*, 20, 25 – 40.

Jotzo, F. (2013), 'Emissions trading in China: principles, design options and lessons from international practice', Centre for Climate Economic & Policy, CCEP Working Paper 1303, May 2013.

Kaminskaitė-Salters, G. (2011), 'Climate change litigation in the UK: its feasibility and prospects', in M. Faure and M. Peeters, *Climate Change Liability*, Cheltenham, UK and Northampton, MA, USA: Edward Elgar, 165 – 88.

Kettner, C., A. Köppl, S. P. Schleicher and G. Thenius (2007), 'Stringency and distribution in the EU emissions trading scheme – the 2005 evidence', FEEM Working Paper 22, 2007.

Kilkelly, U. (2001), 'The Right to Respect for Private and Family Life', Human Rights Handbooks, No. 1, available online at: http://www. echr. coe. int/library/DIGDOC/DG2/HRHAND/DG2 – EN – HRHAND – 01 (2003). pdf (last accessed 16 September 2013).

Kleining, P. et al. (2011), *Security and Privacy: Global Standards for Ethical Identity Management in Contemporary Liberal Democratic States*, Canberra, ACT: ANU E Press.

Knudson, W. A. (2009), 'The environment, energy and the Tinbergen Rule', *Bulletin of Science Technology & Society*, 29, 308 – 12.

Kolstad, C. D., T. S. Ulen and G. V. Johnson (1990), 'Ex post liability for harm vs. ex ante safety regulation: substitutes or complements?', *American Economics Review*, 80, 888 – 901.

Kosolapova, E. (2011), 'Liability for climate change-related damage in domestic courts: claims for compensation in the USA', in M. Faure and M. Peeters (eds.), *Climate Change Liability*, Cheltenham, UK and Northampton, MA, USA: Edward Elgar, 189 – 205.

Krishna, V. (2002), *Auction Theory*, San Diego: Academic Press.

Kunreuther, H. and P. Freeman (2001), 'Insurability, environmental risks and the law', in A. Heyes (ed.), *The Law and Economics of the Environment*, Cheltenham UK and Northampton, MA, USA: Edward Elgar, 304 – 05.

Kyoto Protocol to the United Nations Framework Convention on Climate Change, United Nations, 1998, available at http://unfccc. int/resource/docs/convkp/kpeng. pdf.

Landes, W. and R. Posner (1984), ' Tort law as a regulatory regime for catastrophic personal injuries ', *Journal of Legal Studies*, 13, 417 – 34.

Lauge Pedersen, S. (2000) ' The Danish CO_2 emissions trading system ', *Review of European Community & International Environmental Law*, 9 (3), 223 – 31.

Lecourt, S. , C. Pallière and O. Sartor (2013), ' Free allocations in EU ETS Phase 3: the impact of emissions-performance benchmarking for carbon-intensive industry ', Les Cahiers de la Chaire Economie du Climat Working Paper Series 2013 – 02, Dauphine University, Paris.

Lederer, M. (2012), ' Market making via regulation: the role of the state in carbon markets ', *Regulation & Governance*, 1 – 21.

Leinweber, D. J. and A. N. Madhaven (2001), ' Three hundred years of stock market manipulations ', *Journal of Investing*, 1 – 10.

Lieb, C. M. (2004), ' Theenvironmental Kuznets curve and flow versus stock pollution: the neglect of future damages ', *Environmental & Resource Economics*, 29 (4), 483 – 506.

Mackaay, E. (1982), *Economics of Information and the Law*, Boston, MA, USA: Kluwer Nijhoff.

Marrakech Accords (2001), Marrakesh Accords and the Marrakesh Declaration, adopted by the Conference of the Parties at its seventh session, November 2001, unedited form, available at: http://unfccc. int/cop7/documents/accords_draft. pdf.

Marx, G. T. (1998), ' Ethics for the New Surveillance ', *The Information Society*, 14 (3), 171 – 85.

Mattoo, A. , A. Subramanian, D. van der Mensbrugghe and J. He (2009), ' Reconciling climate change and trade policy ', World Bank Policy Research, Working Paper 5123, available at: http://elibrary. worldbank. org/content/workingpaper/10. 1596/1813 – 9450 – 5123.

McKibbin, W. J. , and P. J. Wilcoxen (2002), ' The role of economics in climate change policy ', *Journal of Economic Perspectives*, 16 (2), 107 – 29.

Milaj, J. (2013), ' Incidentally intercepted communications – a challenge to privacy?', Paper presented at the 'Online Privacy: Consenting to your Future' Conference in Malta, 20 – 21 March 2013. Paper available from the author.

Milgrom, P. (2004), *Putting Auction Theory to Work*, Cambridge, UK: Cambridge University Press.

NAP-NL (2007), Nederlands nationaal toewijzingsplan broeikasga-semissierechten 2008 – 2012, Plan van de Minister van Economische Zaken en de Minister van Volkshuisvesting, Ruimtelijke Ordening en Milieubeheer, 16 mei 2007, Consolidated version (Stcrt. 2008, nr. 132) (in Dutch), available at: https://www. emissieautoriteit. nl/mediatheek/emissierechten/toewijzing-emissierechten/toewijzingsbesluiten/NAP2% 20def% 20goedgekeurd _ tcm24 – 282985. pdf.

NDRC (2010), 'The notice to pilot provincial and city low-carbon programmes', No. 1587 [in Sandbag (2012)].

NDRC (2012), 'China's policies and actions for addressing climate change', available at: http://www. ccchina. gov. cn/WebSite/CCChina/UpFile/File1324. pdf.

New Zealand Government – Climate Change Information (2013), 'Legislative changes to the New Zealand Emissions Trading Scheme (NZ ETS)', available at: http://climatechange. govt. nz/emissions-trading-scheme/ets-amendments (last accessed 17 May 2013).

Nield, K. and R. Pereira (2011), 'Fraud on the European Union Emissions Trading Scheme: effects, vulnerabilities and regulatory reform', *European Energy and Environmental Law Review*, 20 (6), 255 – 89.

Nishida, Y. and Y. Jua (2011), 'Motivating stakeholders to deliver change: Tokyo's cap-and-trade program', *Building Research & Innovation*, 39 (5), 518 – 33.

OECD (1999), *Economic Instruments for Pollution Control and Natural Resources Management in OECD Countries: A Survey*, Paris: Organisation for Economic Co-operation and Development.

Office of the Governor of California, Executive Order S – 3 – 05 of 6 January 2005, available at: http://www. dot. ca. gov/hq/energy/ExecOrderS – 3 – 05. htm.

Order of the Council 1187 – 2009 of 19 November 2009, Decree 1187 – 2009 on the adoption of Quebec's GHG target by 2020, *Gazette Officielle du Québec*, 2 (49), 9 December 2009, p. 5871, available in French at: http://www2. publicationsduquebec. gouv. qc. ca/dynamicSearch/telecharge. php? type = 1&file = 52750. PDF.

Order of the Council 1185 – 2012 of 12 December 2012, Determination of annual caps on greenhouse gas emission units relating to the cap-and-trade system for greenhouse gas emission allowances for the 2013 – 2020 period, *Gazette Officielle du Québec*, 19 December 2012, 144 (51), available at: http://www2. publicationsduquebec. gouv. qc. ca/dynamicSearch/ telecharge. php? type = 1&file = 2389. PDF.

ParliamentaryAmendment Bill of 26 November 2012, ' Clean Energy Amendment (International Emissions Trading and Other Measures)', available at: http://parlinfo. aph. gov. au/parlInfo/download/legislation/ bills/r4895_aspassed/toc_pdf/12167b01. pdf; fileType = application% 2Fpdf (last accessed 29 April 2013).

Parry, I. , R. Williams III and L. Goulder (1999), ' When can carbon abatement policies increase welfare? The fundamental role of distorted factor markets', *Journal of Environmental Economics and Management*, 37, 52 – 84.

Peeters, M. (2006), ' Inspection and market-based regulation through emissions trading: the striking reliance on self-monitoring, self-reporting and verification', *Utrecht Law Review*, 2 (1), 177 – 95.

Peeters, M. and S. Weishaar (2009), ' Exploring uncertainties: the "learning by doing" period has not come to an end, and will still be at the heart of the EU ETS', *Carbon Climate Law Review*, 1, 88 – 101.

Perman, R. , Y. Ma, J. McGilvray and M. Common (2003), *Natural Resources and Environmental Economics*, Harlow: Longman.

Peterson, S. (2006), ' Efficient abatement in separated carbon markets: a theoretical and quantitative analysis of the EU Emissions Trading Scheme', Kiel Institute for World Economies, Kieler Working Paper 1271, March 2006, available at: http://www. ifw-members. ifw-kiel. de/publications/efficient-abatement-in-separated-carbon-markets-a-theoretical-and-quantitative-analysis-of-the-eu-emissions-trading-scheme – 1/kap1271. pdf.

Pindyck, R. S. and D. L. Rubenfield (2001), *Microeconomics*, Upper Saddle River, NJ, USA: Prentice Hall.

Point Carbon (2011a), 'Australia passes emissions trading laws', 8 November 2011, available at: http://www. pointcarbon. com/news/1. 1654969? date = 20111108&sdtc = 1&ref = search (last accessed 6 November 2013).

Point Carbon (2011b), 'China govt think-tank backs 2012 carbon tax: report', 21 November 2011, available at: http://www. pointcarbon. com/news/ 1. 1685822 (last accessed 25 September 2013).

Polinsky, A. M. (1983), *Introduction to Law and Economics*, Boston, MA, USA and Toronto, Canada: Little, Brown & Co.

Prada, M. (2010), La régulation des marchés du CO_2, Rapport de la mission confiée à Michel Prada, Inspecteur Général des Finances Honoraire, 19 April 2010, available at: http://www. ladocumentationfrancaise. fr/var/storage/ rapports-publics/104000201/0000. pdf.

PriceWaterhouseCoopers (2009), 'Carbon taxes v carbon trading: pros, cons and the case for a hybrid approach', March 2009, available at: http://www. timun. net/media/userfiles/file/PWCCarbontaxesandtrading-final-March2009. pdf .

RGGI (2012), 'RGGI 2012 Program Review: Summary of Recommendations to Accompany Model Rule Amendments', available at: http://rggi. org/ docs/ProgramReview/_ FinalProgramReviewMaterials/Recommendations _ Summary. pdf.

Rose-Ackerman, S. (1992), 'Environmental liability law', in T. H. Tietenberg (ed.), *Innovation in Environmental Policy, Economic and Legal Aspects of Recent Developments in Environmental Enforcement and Liability*, Cheltenham, UK and Brookfield, VT, USA: Edward Elgar, 223 – 43.

Rose-Ackerman, S. (1995), *Controlling Environmental Policy: The Limits of Public Law in Germany and the United States*, New Haven, CT, USA: Yale University Press.

Rose-Ackerman, S. (1996), 'Public law versus private law in environmental regulation: European Union proposals in the light of United States and German Experiences', in E. Eide and R. Van den Bergh (eds.), *Law and Economics of the Environment*, Oslo, Norway: Juridisk Forlag, 13 – 39.

Rosen, H. S. (1999), *Public Finance*, Chicago, IL, USA: Irwin.

RoyS. and E. Woerdman (2012), 'End-user emissions trading: what, why, how and when?', in M. Roggenkamp and O. Woolley (eds.), *European Energy Law Report IX*, Antwerp, Belgium: Intersentia, 111 – 42.

Rudolph, S. and T. Kawakatsu (2012), 'Tokyo's greenhouse gas emissions trading scheme: a model for sustainable megacity carbon markets?', Joint Discussion Paper Series in Economics by the Universities of Aachen, Gießen, Göttingen, Kassel, Marburg, Siegen, No. 25 – 2012, available at: http://www. uni-marburg. de/fb02/makro/forschung/magkspapers/25 – 2012 _ rudolph. pdf.

Rudolph, S. and S. – J. Park (2010), 'Lost in translation? The political economy of market-based climate policy in Japan', in C. Dias Soares et al. (eds.), *Critical Issues in Environmental Taxation*, *Vol. VIII*, Oxford: Oxford University Press, 163 – 84.

Sandbag (2012), 'Turning the tanker: China's changing economic imperatives and its tentative look to emission trading', April 2012, available at: http://www. sandbag. org. uk/site _ media/pdfs/reports/Sandbag _ Turning _ the _ Tanker_Final. pdf.

Schwartz, A. and L. Wilde (1979), 'Intervening in markets on the basis of imperfect information: a legal and economic analysis', *University of Pennsylvania Law Review*, 127 (3), 630 – 82.

Schweizer Eidgenossenschaft (2013), 'Fact sheet – Emission reductions achieved abroad: quality, quantity and carry-over', 28 May 2013, available at: http://www. bafu. admin. ch/emissionshandel/05556/index. html? lang = en&download = NHzLpZeg7t, lnp6I0NTU04212Z6ln1ad1IZn4Z2qZpnO2Yuq2Z 6gpJCGfIR9gWym162epYbg2c_JjKbNoKSn6A – – .

Schyns, V. and A. Loske (2008), 'The benefits and feasibility of an ETS based on benchmarks and actual production', in collaboration with FIEC Europe, 27 October 2008 (revised 2 December 2008), available at: http://www. ceps. eu/files/Trilogy _ dynBenchmarking _ benefits _ complete _ final021208. pdf.

'Seven pilot provinces and cities explore carbon trading with Chinese characteristics', available at: http://www. sepacec. com/zhxx/xgxx/

201210/t20121017_238852. htm.

'Shanghai launches carbon trading pilot and the initial allowances are charged for free', available at: http://sh. eastday. com/m/20120817/u1a6791296. html.

'Shanghai Pudong Development Bank has determined to participate in the carbon trading', available at: http://bank. hexun. com/2012 – 11 – 26/148360941. html.

Shavell, S. (1980), 'Strictliability versus negligence', *Journal of Legal Studies*, 9, 1 – 25.

Shavell, S. (1984a), 'Liability for harm versus regulation of safety', *Journal of Legal Studies*, 13, 357 – 74.

Shavell, S. (1984b), 'A model of the optimal use of liability and safety regulation', *Rand Journal of Economics*, 15 (2), 271 – 80.

Shavell, S. (1985), 'Criminal law and the optimal use of non-monetary sanctions as a deterrent', *Columbia Law Review*, 85, 1232 – 62.

Shavell, S. (1986), 'The judgement proof problem', *International Review of Law and Economics*, 6, 43 – 58.

Shavell, S. (1987), *Economic Analysis of Accident Law*, Cambridge MA, USA: Harvard University Press.

'Shenzhen carbon trading will be launched in June', available at: http://news. xinhuanet. com/politics/2013 – 04/01/c _ 124528467. htm. For more information: http://www. cerx. cn/cn/index. aspx.

Sijm, J. P. M. et al. (2004), 'Spillovers of climate policy: an assessment of the incidence of carbon leakage and induced technological change due to CO_2 abatement measures', Energy Research Centre of the Netherlands (ECN), Report ECN – C – 05 – 014, December 2004.

Sijm, J. P. M. et al. (2005), 'CO_2 price dynamics: the implications of EU emissions trading for the price of electricity', ECN, Report ECN – C – 05 – 081, September 2005.

Spier, J. (2011), 'High noon: prevention of climate damage as the primary goal of liability?', in M. Faure and M. Peeters (eds.), *Climate Change Liability*, Cheltenham, UK and Northampton, MA, USA: Edward Elgar, 47 – 51.

Starkey, R. (2012), 'Personal carbon trading: a critical survey', *Ecological Economics*, 73 (C), 7 – 18.

Stavins, R. N. (1997), 'What can we learn from the grand policy experiment? Positive and normative lessons of the SO_2 allowance trading', *Journal of Economic Perspectives*, 12, 68 – 88.

Stigler, G. (1961), 'The economics of information', *Journal of Political Economics*, 69 (3), 213 – 25.

'The first batch of allowances will be dispatched next month, Guangdong starts to establish carbon emission report system', available at: http://www. ccpit. org/Contents/Channel_50/2013/0226/356516/content_356516. htm.

'The pilot carbon trading is undergoing the last stage: how to design allowances becomes the focus', available at: http://szsb. sznews. com/html/2013 – 04/04/content_2431510. htm.

Tietenberg, T. (2000), *Environmental and National Resource Economics*, Reading, MA, USA: Addison-Wesley.

Tietenberg, T., M. Grubb, A. Michaelowa, B. Swift and Z. X. Zhang (1999), 'International rules for greenhouse gas emissions trading: defining the principles, modalities, rules and guidelines for verification, reporting and accountability', UNCTAD/GDS/GFSB/Misc. 6, United Nations Conference on Trade and Development (UNCTAD).

Tokyo Metropolitan Government (2010), 'Tokyo cap-and-trade program – Japan's first mandatory emissions trading scheme', March 2010, available at: http://www. kankyo. metro. tokyo. jp/en/attachement/Tokyo-cap_and_trade_program-march_2010_TMG. pdf.

Trotignon, R. and A. Delbosc (2008), 'Allowance trading patterns during the EU ETS trial period: What does the CITL reveal?', Caisse des Dépôts, Climate Report No. 13, June 2008.

Tuerk, A. et al. (2009), 'Linking of emissions trading schemes: Synthesis report', Climate Strategies, 20 May 2009, available at: http://www. climatestrategies. org/research/our-reports/category/33/148. html.

Tuerk, A., M. Mehling, C. Flachsland and W. Sterk (2009), 'Linking carbon markets: concepts, case studies and pathways', *Climate Policy*, 9 (4), 341 – 57.

Turner, R. K., D. Pearce and I. Bateman (1994), *Environmental Economics: An Elementary Introduction*, New York, NY, USA: Harvester Wheatsheaf.

Union of Concerned Scientists (2007), 'Existing cap-and-trade programs to cut global warming emissions', available at: http://www. ucsusa. org/global_warming/solutions/big_picture_solutions/regional-cap-and-trade. html.

Universal Declaration of Human Rights, UNGA Resolution 217A (III), UN Doc A/810 (1948) 71, available at: http://www. un. org/en/documents/udhr.

University of Copenhagen (2009), 'Synthesis Report – Climate change: global risks, challenges and decisions', available at: http://climatecongress. ku. dk/pdf/synthesisreport (last accessed 19 May 2013).

Van Dijk (2011), 'Civil liability for global warming in the Netherlands', in M. Faure, and M. Peeters (eds.), *Climate Change Liability*, Cheltenham, UK and Northampton, MA, USA: Edward Elgar, 206 – 26.

Van Renssen, S. (2012), 'Thefate of the EU carbon market hangs in the balance', *European Energy Review*, 12 April 2012, 1 – 8.

Varian, H. R. (2003), *Intermediate Microeconomics: A Modern Approach*, 6th edn, New York: W. W. Norton & Company, Inc.

Vickrey, W. (1961), 'Counter-speculation, auctions, and competitive sealed tenders', *Journal of Finance*, 16 (1), 8 – 37.

Weber, R. (1997), 'Making more from less: strategic demand reduction in the FCC spectrum auctions', *Journal of Economics & Management Strategy*, 6 (3), 529 – 48.

Weishaar, S. (2007a), 'CO_2 emission allowance allocation mechanisms, allocative efficiency and the environment: a static and dynamic perspective', *European Journal of Law and Economics*, 24 (1), 29 – 70.

Weishaar, S. (2007b), 'The EuropeanCO_2 emissions trading system and state aid: an assessment of the grandfathering allocation method and the performance standard rate system', *European Competition Law Review*, 28 (6), 371 – 81.

Weishaar, S. (2008a), 'The European emissions trading system: auctions and their challenges', in M. Faure and M. Peeters (eds.), *Climate Change and European Emissions Trading: Lessons for Theory and Practice*, Cheltenham, UK and Northampton, MA, USA: Edward Elgar, 343 – 62.

Weishaar, S. (2008b), 'Ex-Post-Korrektur im Europäischen CO_2 – Emissionshandel: Auswirkungen der Rechtsprechung für Deutschland', *Zeitschrift für Europäisches Umwelt-und Planungsrecht*, Vol. 3, pp. 148 – 51.

Weishaar, S. (2009), 'Towards auctioning: thetransformation of the European greenhouse gas emission trading system – present and future challenges to competition law', Alphen aan den Rijn, The Netherlands: Kluwer Law International.

Weishaar, S. (2012), 'EU state aid law and national climate regulation', in M. Peeters, M. Stallworthy and J. de Cendra de Larragán (eds.), *Climate Law in EU Member States: Towards National Legislation for Climate Protection*, Cheltenham, UK and Northampton, MA, USA: Edward Elgar, 89 – 109.

Weishaar, S. and F. G. Tiche (2013), 'Hybrid emissions trading systems: what about efficiency?', in M. Faure and G. Xu (eds.), *Using Economics to Improve Regulation: The Case of China*, Abingdon, UK: Routledge, 221 – 39.

Weishaar, S. and E. Woerdman (2012), 'Auctioning EU ETS allowances: an assessment of market manipulation from the perspective of law and economics', *Climate Law*, 3 (3), 247 – 63.

Western Climate Initiative (2010), 'Design for the WCI Regional Program', available at: http://www. westernclimateinitiative. org/component/remository/general/program-design/Design-for-the-WCI-Regional-Program.

Williams, A. (2007), 'The European Union emissions trading system: a cement industry perspective', presentation delivered at the North America and the Carbon Markets Conference, Washington, DC, 17 – 18 January 2007.

Wittman, D. (1980), 'First come, first served: an economic analysis of "coming to nuisance"', *Journal of Legal Studies*, 9 (3), 557 – 68.

Woerdman, E. (2004), *The Institutional Economics of Market-Based Climate Policy*, Amsterdam: Elsevier.

Woerdman, E. (2005), 'Tradableemission rights', in J. G. Backhaus (ed.), *Elgar Companion to Law and Economics*, Cheltenham, UK and Northampton, MA, USA: Edward Elgar, 364 – 80.

Woerdman, E. (2013), 'Lobbying in the European Union emissions trading scheme: inefficiencies caused by industry rent-seeking ', March 2013, University of Groningen, Working Paper Series in Law and Economics.

Woerdman, E. and J. W. Bolderdijk (2010), ' Emissions trading for households: a behavioral law and economics perspective ', University of Groningen, Working Paper Series in Law and Economics.

Woerdman, E. , O. Couwenberg and A. Nentjes (2009), ' Energyprices and emissions trading: windfall profits from grandfathering? ', *European Journal of Law and Economics*, 28, 185 – 202.

Woerdman, E. , S. Clò and A. Arcuri (2008), ' European emissions trading and the polluter-pays principle: assessing grandfathering and over-allocation ', in M. Faure and M. Peeters (eds.), *Climate Change and European Emissions Trading: Lessons for Theory and Practice*, Cheltenham, UK and Northampton MA, USA: Edward Elgar, 128 – 50.

Zaklan, A. (2013), ' Why do emitters trade carbon permits? Firm-level evidence from the European emission trading scheme ', EUI Working Papers, RSCAS 2013/19.

Zwingmann, K. (2007), ' Ökonomische Analyse der EU-Emissionshandelsreichtlinie, Bedeutung und Funktionsweisen der Primärallokation von Zertifikaten ' (' Economic analysis of the EU Emissions Trading Directive, significance and working of the primary allocation of certificates ') in der Reihe *Ökonomische Analyse des Rechts* (in the series *Economic Analysis of Law*), Wiesbaden: DUV Gabler Edition Wissenschaft.

索　引

non-Kyoto ACCUs,非京都 ACCUs,84

North America,北美,74

  RGGI,区域温室气体倡议,5,35,43 - 4,48,62,66,75 - 7,98,114,166

  WCI,西部气候倡议,5,66,77 - 82,98,189

  see also Canada;United States,亦参见"加拿大";"美国"

Norway,挪威,189

offset credits,抵消信用,173

offset provisions,抵消规定,203 - 4

offsets,抵消,4,106,173

  design variants,设计变型,44,53,55,61,63 - 4

oligopolistic market,寡头市场,111,118,135

Open Public Records Act(US),《公共信息公开法案》(美国),171

Open Skies Agreement,《开放天空协议》,174,175

operating costs,运作成本,194

operator holding account,企业持有账户,154,160

opportunity costs,机会成本,43,44,110 - 12,123

opt-in rules,加入规则,49 - 50

opt-out rules,退出规则,49 - 50

Organisation for Economic Co-operation and Development(OECD),经济合作
  与发展组织,74 - 5

over-allocation,过度分配,4,46,100 - 107,119,120,124,204,212

oversupply,过度供给,46,47,60,72,104,105 - 6,111,120,129,212

ozone-depleting substances,消耗臭氧层物质,2,81

Paravant Computer Systems Inc. ,Paravant 计算机系统公司,130

penalties,处罚,40,51,55,100,139 - 40,144

  fines,罚金,66,73,95

Pereira,R. ,佩雷拉,R. ,142

performance standard rate(PSR),绩效标准率,55 - 6,108,121,123 - 4,166,
  196,198,201

Person holding account,个人持有账户,154

"phishing" attacks,网络钓鱼攻击,38,143,179

译后记

　　2013 年冬,Stefan 在中央财经大学进行短期讲学。课余得暇,我们讨论了各自正在进行的研究工作。Stefan 告诉我,他正在格罗宁根带领一个研究小组,汇集比较世界各排放权交易体系的制度,总结其中具有共同规律的内容,为研究者和政策制定者提供一种近乎基本原理的知识框架。这本书当时尚未完成,Stefan 把基本成型的电子版书稿拿给我看。可以说,我应该是中文学术圈中第一个浏览过《排放权交易设计》这本书的研究者。也是从那时起,我有了翻译这本书的想法。

　　2014 年,此书英文版由 Edward Elgar 公司出版。诸事丛脞,迁延至2016 年冬,开笔翻译。2017 年春夏,所有能拿出来的时间,都花在这本书上。夏雨初至、夏木成荫之时,译稿告峻。

　　翻译是在另一个知识世界的探险。除了探险本身的挑战,一个更为前置性的问题是,这场旅程是否值得去开启。在翻译的过程中,这种自我质疑,至少出现过两次。2016 年 11 月,世界银行"市场准备伙伴计划(PMR)"发布了题为《碳排放交易手册:碳市场的设计与实施》的报告。这份由 11 位本领域一流专家协力完成、并经几十位专家评审反馈、加以完善的报告在定位和结构上,与本书有很大的相似之处,而在一些具体细节上,更为详尽。在比对本书和世行报告之后,我坚定了这样的看法:两份作品在内容上,存在差异化的互补关系。《排放权交易设计》一书更注重理论的渐进性、完整性和系统性,而世行报告则更倾向于具体操作的实践性、流程性和技术性。两者是相得益彰而非互斥或互相否定的关系。此外,近年来,也出版了相当数量的、以数学模型方法研究排放权交易市场设计的学术作品。我认为,数学的发展,为人类提供了深入认识和把握不规则运动、普遍联系和不确定性的知识工具,推动经济学从具有意识形态性的学科转向一门具有工程性的技术科学。但是在经济学的语境中,数学是模型精细化的体现,而模型原初的灵感或假设,大多来自数学之外。对于经济学科之外的研究者和决策者而言,一本绕过模型、明白晓畅的整体概览,仍然具有非常重要的价值。在首尔、格罗宁根、海牙、图森、利马索尔,在和来自多个国家的不同学科的同行一道交流各种环境政策工具的设计和运用的过程中,我更加确定上述看法。

关于本书的翻译中的几个具体问题,一并说明于此:

第一,Stefan 笃志问学,博观取约,力图总结在世界各个排放权交易体系中体现出的共同趋势。但无可否认的是,在排放权交易体系方面,在制度、实践和文献上,欧盟有着压倒性的影响。本书各处有很大篇幅提到欧盟。在具体行文上,有些地方表述为"欧盟",有些地方为"欧盟委员会",有些地方为"欧盟法院"。只要具备关于欧盟组织机构的入门知识,并结合具体的语境,其意自现,当不致引发混淆。

第二,本书索引,按英文体例翻译。英文索引中,将核心术语列为一级标题;与其有关的修饰限定成分缩进为二级标题,以体现核心术语统摄下的整群关系。故在使用时,亦应按照英文习惯,将修饰限定成分与核心术语合并还原为完整的术语词汇,查找正文相应部分。

第三,本书所搜集的资料,截止到 2014 年。自那时起,排放权交易体系在世界范围内,获得了长足的发展。本书的理论内核,体现出稳定的有效性和解释力;与此同时,关于各排放权交易体系的具体进展,建议读者参阅各类多边开发银行及智库机构的相关研究成果。

本书最终面世,首先感谢 Stefan 慷慨赠予英文版权,并耐心回答我提出的各种问题;同时感谢法律出版社对外分社社长孙东育女士、责任编辑黄倩倩女士对各项出版事宜所倾注的大量心血。在翻译及后续修改过程中,我在北京环境交易所先后参加了"碳资产管理""温室气体核算与核查""林业碳汇管理"等三项培训课程,深化了对于排放权交易各个环节的认知。过去十年,中国迅速成为排放权交易的认真学习者、积极实践者和灵活创新者。在这些不可思议的变化中,躬逢其盛,略尽绵薄,实为难得的幸事。

图书在版编目(CIP)数据

排放权交易设计：批判性概览／（荷）斯特凡·E.
魏斯哈尔著；张小平译. -- 北京：法律出版社，2019
书名原文：Emissions Trading Design：A Critical
Overview
ISBN 978 - 7 - 5197 - 3633 - 0

Ⅰ. ①排… Ⅱ. ①斯… ②张… Ⅲ. ①二氧化碳 - 排
污交易 - 研究 Ⅳ. ①X511

中国版本图书馆 CIP 数据核字（2019）第 136659 号

排放权交易设计：批判性概览   [荷]斯特凡·E. 魏斯哈尔 著   责任编辑 黄倩倩
PAIFANGQUAN JIAOYI SHEJI：   张小平 译   装帧设计 李 瞻
PIPANXING GAILAN

出版 法律出版社	编辑统筹 学术·对外出版分社
总发行 中国法律图书有限公司	开本 710 毫米×1000 毫米 1/16
经销 新华书店	印张 15.75
印刷 三河市龙大印装有限公司	字数 259 千
责任校对 晁明慧	版本 2019 年 12 月第 1 版
责任印制 陶 松	印次 2019 年 12 月第 1 次印刷

法律出版社／北京市丰台区莲花池西里 7 号（100073）
网址／www. lawpress. com. cn
投稿邮箱／info@ lawpress. com. cn   销售热线／400 - 660 - 8393
举报维权邮箱／jbwq@ lawpress. com. cn   咨询电话／010 - 63939796

中国法律图书有限公司／北京市丰台区莲花池西里 7 号（100073）
全国各地中法图分、子公司销售电话：
统一销售客服／400 - 660 - 8393/6393
第一法律书店／010 - 83938432/8433   西安分公司／029 - 85330678
重庆分公司／023 - 67453036   上海分公司／021 - 62071639/1636
深圳分公司／0755 - 83072995

书号：ISBN 978 - 7 - 5197 - 3633 - 0   定价：68.00 元
（如有缺页或倒装，中国法律图书有限公司负责退换）